想い出の昭和型板ガラス

—— 消えゆくレトロガラスをめぐる24の物語

pieni　吉田智子・吉田晋吾　石坂晴海

小学館

物語がはじまるまでの物語

吉田智子

はじめまして。

たくさんの本の中から手に取ってくださったこと、とてもうれしく思います。pieni の吉田智子と申します。

公私に渡りパートナーである吉田晋吾と、岐阜市で昭和型板ガラスを使った作品を創り、販売しています。

もうひとつ。作品をお求めくださった方たちから、昭和型板ガラスにまつわる「想い出レター」を集めています。そしてお寄せいただいた想い出を、ポッドキャストや stand.fm などの音声SNSでご紹介する活動をしています。

ガラスの記憶からよみがえる家族の光景。

ガラスが見ていたなんでもない家族の日常。

この本には、そうした想い出レターから生まれた「昭和型板ガラスをめぐる物語」が収められています。

なぜ今、昭和型板ガラスなのか。

なぜ「想い出」だったのか。

「物語がはじまるまでの物語」を、少しお話させてください。

おばあちゃんちにあった "あのガラス"

みなさんは、昭和型板ガラス（しょうわかたいたがらすと読みます）をご存じでしょうか。言葉として聞いたことはなくても、「どこかで見た記憶がある」という方は少なくないと思います。実際、朝市などのイベントに出店すると、足をとめてくれたお客さまたちから必ず聴く言葉があります。

「あー！これ、おばあちゃんちにあった、あった」

「昭和型板ガラス」は片面に柄が入った板ガラスで、昭和初期から中期にかけて人気があった、すでに国内ではほとんど生産されなくなったデザインガラスです。

その魅力は、なんと言ってもガラスの美しさです。柄の面には凹凸があるため、やわらかく光を取り込み、季節や時間帯によって豊かに表情を変えてくれます。また柄が入っていない面は表面が少し波打っていて、現代のガラスには出せない不安定さを備えているのも魅力です。

もうひとつ、このガラスの大きな魅力は「これは日本人にしかできない仕事だな」と感じさせる柄の緻密さです。光を透かしてよおく見てみると柄のない「地」の部分にも手を抜いていない、こまかい細工がほどこされているのです。「自分の仕事を極める」ことは日本人の精神文化・精神修養の軸にあると聞いたことがありますが、まさしくそうした「先人たちの仕事」が昭和型板ガラスには残されています。

消えゆく大事なものを発信する

私たち夫婦が昭和型板ガラスの虜になって10年がたちました。生業としていた工務店も閉じて、「pieni」という名で昭和型板ガラスを残す活動に取り組んでいます。具体的には、消えてゆく昭和のあたたかい想い出を多くの人たちに発信する活動です。大事な人を思い出す鍵となるような作品を作ることです。そうすることで、失いつつある目には見えない大事なものを取り戻していきたいと思ってもいます。

でもじつは、活動をはじめる前の我が家にとって昭和型板ガラスの存在は「捨てるに捨てられない仕

事のゴミ」でした。新築でも改修でも、古家の解体では外した建具をガラスごと持ち帰ることになります。いつかまとめて捨てようと思いつつ、廃棄するにもけっこうな金額がかかるのと、私のどこかに「このガラスだけは残しておきたいな」という理由のわからない感覚が強くあって、作業場の隅っこでずっと雨風にさらされていたのです。

それがある夜「このガラスたちは捨てない。絶対に捨てられない」と「決定」したのは、たまたま見たネット記事で「ひとつひとつの柄には名前がある」と知ったからです。『N−81』といった製品番号のような商品名ではありません。『みどり』『からたち』『ほなみ』『みずわ』といった日本語の美しい名前がついていたのです。

名前があるものを捨てるわけにはいかない。それが私の決定です。名前は「いのち」に等しいからです。私たちは4人の子どもに恵まれていることもあり、「名前をつける」ことにどれだけの想いが込められているか、身をもって知っています。

「もうこのガラスたちは絶対に捨てないから。きれいな作品に生まれ変わらせて残していくからね」

私の宣言に対する晋吾さんの反応は、「は？ なに言っとんの!?」でした。親の代からの建築屋で育った彼には、ガラスは「ただのゴミ」でしかない。それでも自分がやりたいことしかやらない妻、一度言い出したらきかない妻の性分は熟知しているので、しぶしぶ、最低限の協力を受け入れてくれました。

想い出コレクターになる

妻が出してくる商品企画を、夫が「やらされ感」満載で作る。スタートはそこからでした。夫からすれば「無茶ぶり」もいいところ。道具も情報もなしに「次はこういう商品を作って」と丸投げされるわけですから。

でも、心配はしていませんでした。もともと新しいことに挑戦するのが大好きで、生業の建築でも独

自の住宅づくりを提案して施主からの評価を得ていたからです。それに建築現場から出る木材の切れ端（高級なゴミですね）を利用した木工雑貨作りも楽しんでいました。実際、失敗と工夫を重ねて完成した夫のガラス作品は、イベントに出してみると木工雑貨よりも人気がありました。

それでも夫の昭和型板ガラスへの熱は低いまま。イベントでは搬入出係に徹し、接客に追われる私の後ろで椅子に座って雑誌を広げたまま動かない。私としては、しかたないなあという思いで、なかば諦めかけていました。

ところがある夜、そんな夫の心に一気に火をつけるメールが届きました。作品を買われた方からの「ガラスについての想い出」でした。到着した作品を手にした感想とともに、じつは購入した昭和型板ガラスは震災で流された自宅で使われていたガラスだったと書かれていました。

「ガラスにまつわる家族の想い出を集めてみようか」

夫からの提案があったのは、その少しあとでした。

「あー、これ、おばあちゃんちにあった、あった」

「ほら、見て。うちのお風呂場の引き戸ってこの柄だったよね」

「なつかし〜。兄弟喧嘩してこのガラス割っちゃって、あのときえらく怒られたよね」

店先で懐かしがるお客さまの言葉も、夫はちゃんと聴いていたみたいです。

ガラスからよみがえる家族の想い出。
ガラスが見ていた家族の日常。
24の物語はここからはじまりました。

Contents

※本文中に記載している作品寸法のHは高さ、Wは幅、Dは奥行きをあらわしています。

Part 1

記憶の中の昭和型板ガラス

——想い出レターが教えてくれた24の物語

Episode 01

職人の祖父と父

兵庫県・Uさん

　職人をしていた祖父と父の仕事場にも昭和型板ガラスが使われており、夏休みになるとよく
ガラス越しに祖父と父の仕事を見ていました。
　暑い夏の日も、型板ガラス越しの光はやわらかかったように思います。

From pieni

　ガラス越しにおじいさんやお父さんが仕事をする姿をじっと見ている子どもたち。これは昭和という時代をあらわす家族の光景のひとつでした。

　1950年代中頃から70年代中頃までの約20年にわたり、日本は「ものづくり」の力を活かして高度経済成長と呼ばれる黄金期にありました。神武景気、岩戸景気、オリンピック景気、いざなぎ景気と呼ばれる好景気が立て続けに発生して「所得倍増計画」「列島改造論」といった勢いのあるスローガンが日本全体をおおっていた。その底力となったのが、町工場や家内工業でものを作る職人さんたちでした。

　Uさんのご実家のように、自宅の一部を作業場として家族やわずかな使用人によって製品を作る家内工業を家業とするお宅も、当時はたくさんありました。親から子へ家業を継ぐことで技術と経験を継承していく。それが当たり前だった時代、家族のありようや絆の質も、今とは違っていたように思います。

　私（晋吾）の実家も建築業だった父親の仕事場が同じ敷地内にありました。そこは子どもが立ち入れない「大人たちの世界」であり、父親の手によってものができあがっていくさまに、手品を見ているように魅了されたものです。同時に「生きていくということ」や親

への尊敬と感謝を無言のうちに感じとる場でもあったように思います。

　その後の産業構造の変化により「ものづくりの日本」は衰退の一途をたどり、家内工業とともに3世代で暮らす家族も少なくなりました。核家族が増えて父親は会社へ、子どもたちの放課後も習いごとで忙しくなりました。Uさんの短いお手紙は、熱かったあの時代の空気と日々の家族の生活を、私たちの脳裏に生き生きとよみがえらせてくれます。

　扇風機が回る仕事場で黙々と手を動かす祖父と父親の姿。それをガラス越しに飽きずに見ている子どもたち。昼の休憩に家族みんなで縁側で食べるそうめん。食べ終わる頃に出てくるお母さんが切ってきてくれたスイカ。その種を飛ばし合って笑う子どもたち。

　スマホもゲーム機もなかったけれど、子どもたちの時間はたっぷりと、ゆっくりと流れていた気がします。

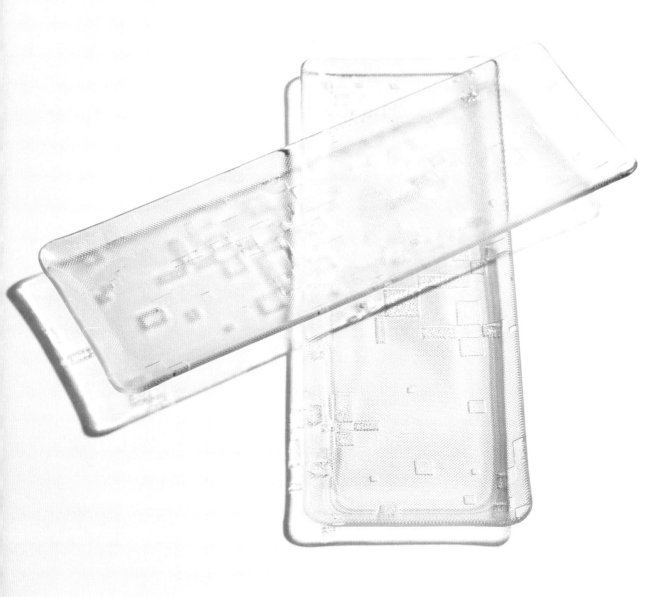

Uさんが購入してくださった『古都』の長皿・小
（W16.7 × D6cm）。メッシュ地の中に大小さまざ
まな四角が散りばめられた模様です。『古都』には
厚さ 2mm と 4mm があり、こちらは 2mm。同じ
デザインですが、2mm のほうが模様は小さめです。

Episode 02

重い引き戸

兵庫県・Iさん

　型板ガラスの想い出といえば、やはり祖母の家です。

　祖母の家ではあちこちに型板ガラスが使われていましたが、とくに印象に残っているのはダイニングの重い引き戸です。開くたびに大きな音がして、家のどこにいても聞こえました。祖母が亡くなったあとも、誰かが引き戸を開けるたびに、そこに祖母がいるような気になったものです。

　じつは今回、型板ガラスの器を注文したのは旅先でした。

　宿泊した古いお宿では洗面所に型板ガラスと丸いタイルが使われていて、重い引き戸もありました。それを目にしたとき、震災でなくなった祖母の家の記憶がよみがえり、懐かしくなって写真を撮りました。

　その後、部屋でネットニュースを見ていると、昭和の型板ガラスがふたたび脚光を浴びているという記事が目に飛び込んできて、思わず検索し、型板ガラスの器を見つけました。

　少し話は変わりますが、祖母と幼い頃から買いに行っていた野球カステラ屋さんも、最近ご主人の高齢化により閉店されました。またひとつ祖母との想い出の場所がなくなり、寂しい思いでしたが、その気持ちが型板ガラスの器で少しなぐさめられました。

From pieni

型板ガラスを使った「重たい引き戸」。古い家屋には必ずといっていいほどあったもので、それを知る人たちに共通しているのが"重たい"という記憶です。子どもにとってはなおさら重く、私たちも、子どもの頃は足まで使ってやっと開けていました。そして開けると同時に「ぎぎぎ……」「ががが……」という大きな音が、家中に響き渡ります。

そんな音とともによみがえってくるのは、怖さ。田舎の実家はやたらと広く、なかでも薄暗くて陰気な空間に重たい引き戸がありました。引き戸の奥に何があるんだろう……? 怖いから気になる。開けてみたいけど、開けてはいけないとも思う。かつての古い家は、そんな小さな謎も秘めた場所だったように思います。

Ｉさんのおばあさまの家も、そんな古くて大きな家だったのかもしれません。開くたびに家中に響き渡った大きな音。誰かが引き戸を開けるたびにおばあさまの気配を感じさせてくれた音。その音も、音を立てていたガラスも、古い家に満ちていた想い出も、震災で一瞬にして失われてしまった。そのあとに残った心の空洞は、時が経つにつれて小さくはなっても、なくなることはない。型板ガラスの器によってそんな空洞を少しでも埋めるお手伝いができたのなら、これほどうれしいことはありません。

ところで、Ｉさんのお話に登場する「野球カステラ」とは、いったいなんだろう？ と気になって調べてみました。大正時代に神戸市で生まれたとされる焼き菓子で、野球のグラブやバットなどの形をしたあんなしの人形焼きのようなもののようです。

かつて神戸市周辺には、職人さんがいろいろな道具の形をした鋳型で生地を焼き、販売するお店がたくさんあったといいます。そんなお店のひとつがＩさんにとってはおばあさまとの想い出の場所で、こちらは震災を経てなお続いていたけれど、高齢化という別の理由でなくなってしまった。

大切な人との想い出の場所やものがひとつ、またひとつと消えていく寂しさは、人生のなかで誰もが経験するもので、時間をかけて受け止めていくしかないのかもしれません。でも時に、"偶然"という神が舞い降りて痛みを癒やしてくれることもある。阪神淡路大震災から四半世紀以上の時を経て、旅先の古い宿で型板ガラスと再会し、型板ガラスについての記事を発見するという小さなミラクルは、おばあさまが天国からＩさんに届けてくれたプレゼントだったのかもしれません。

Iさんが旅先から注文してくださった『ており』（左下）、『みずわ』（上）の小皿（W7.5 × D7.5cm）と『しきし』（右下）の豆皿（W6 × D6cm）。"重い引き戸"に使われていたのは『ており』かな？　『みずわ』かな？　などと想像しながら送り出しました。

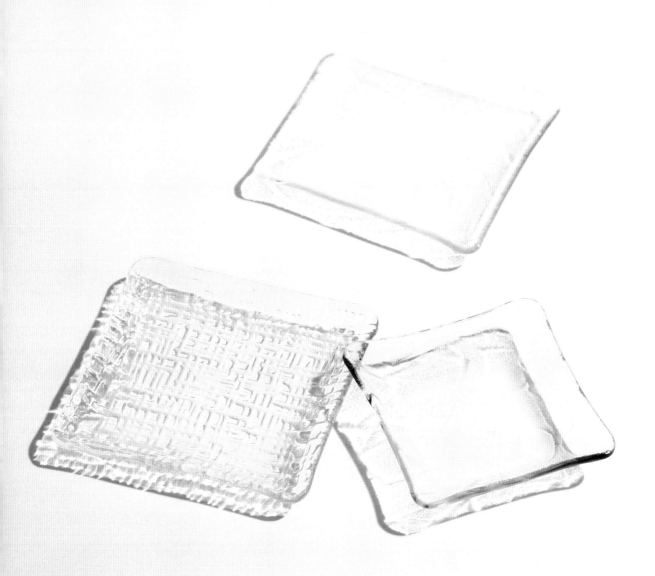

Episode 03

ほっとする音

愛知県・Sさん

　一部リフォームされているものの、釘を使っていない日本家屋の実家には、今でも型板ガラスが使われている部屋があります。廊下を通るたびにガラスが揺れ、独特な音がするのです。
　これは子どもの頃から変わらずに聞いていた型板ガラスの音。
　思い出すだけでも聞こえてくる独特な音。
　実家へ帰ると必ず耳にする音は今も昔も変わらずそこにあり、懐かしく感じることもあれば、「なんだかホッとする音だなあ」とも思います。
　これが私の現在進行形でもある想い出です。

From pieni

「釘を使っていない日本家屋の実家」
「今も変わらずそこにある現在進行形でもある想い出」

　Sさんの手紙には、私たちが心惹かれるふたつの言葉が書かれていました。どちらもあまり聞いたことのない、めずらしい言葉だったからです。

　まず「釘を使っていない日本家屋」ですが、これは「木組み」という伝統構法で建てられているのだと思います。「木組み」はもとは神社仏閣などを建築する宮大工の技術で、世界最古の木造建築である奈良県の法隆寺（築約1300年）も木組みで作られています。風通しがよく、耐震性、耐久性にすぐれていますが、技術を受け継ぐ職人さんは少なく、また手数が多いぶん工期は長く予算も高くなります。そのため「釘を使っていない日本家屋」はとてもめずらしいのです。

　私（晋吾）も大工時代に木組みを少し経験し、お寺や能楽堂の建造にも携わりましたが、それは伝統的構法と現代の基準に合わせた材料を使うもので、釘を使わない伝統構法とは違います。最近うかがったある地主さんのお宅が木組みで建てられた築100年近い木造住宅でしたが、床材にも素晴らしい木が使われていました。おそらくSさんのご実家もとても立派なお宅ではないかと思います。

　そのご実家が今もそのままあり、「ガラスが揺れる音」がSさんの「現在進行形の想い出」として継続している。これもほかにない想い出の形でした。

「廊下を通るたびにガラスが揺れ、独特な音がする」

　歩くときに床板が鳴る音。振動で揺れる型板ガラスの音。その「思い出すだけでも聴こえてくる独特な音」は、「木組み」ならではの品格ある響きなのだろうと想像してしまいます。

　じつは私の実家でも「現在進行形の想い出」は継続しています。高校生のとき、建築業の父親が間取りは変えずに家を建て替え、残せる建具はすべて残したからです。当時は新築の家に古い建具を使うことに違和感がありましたが、今となっては残した建具や型板ガラスは貴重なものばかりでした。なかでも貴重なのは、父親と取っ組み合いをしてガラスを割った想い出の建具で、あのとき残してくれた父親に感謝しています。

　実家に帰ると聴こえるSさんの「ほっとする音」。家のあちらこちらから聴こえてくる型板ガラスが揺れる音が、Sさんには家全体が『お帰りなさい』と言ってくれているように聞こえるのかもしれません。

Sさんが購入してくださった『ささ』（上）と『モール』（下）のコースター（W8×D8cm）。板の状態のまま模様を楽しめるコースターは、とくに気に入っている作品でもあります。

Episode 04

近所の駄菓子屋さん

愛知県・Iさん

　家から5分くらいのところに、広さ4畳ほどの小さなトタン屋根の駄菓子屋さんがありました。父の子どもの頃からあったそうですが、私のときには週末だけ開く駄菓子屋さんになっていました。小さい頃から週末になると100円玉を握りしめて通いました。

　少し重たい型板ガラスの引き戸を開けると、駄菓子を入れる空き箱が置かれていて、そこに頭の中で計算しながらお菓子やくじ引きの紙を入れていくのです。1個10円か20円でした。間違えないように、100円で足りるように、何度も指で数えました。80歳を越えた店主のおばあちゃんは、お金の計算は勉強だからと、最後に会計するまで絶対に口出しはしませんでした。
　中学生になった頃にはお店の引き戸は閉まったままになり、ガラスの先に広がる夢の世界は見られなくなりました。そしてしばらくすると、更地になりました。

　昭和型板ガラスの作品を見るたびに、店主のおばあちゃんの顔と、子どもたちに夢を与えてくれた懐かしいあの場所がよみがえり、感謝の想いがこみあげてきます。

右ページ／Iさんが購入してくださった『みやこ』（上）と『まつば』（下）の角皿（W13.8 × D13.8cm）。角皿は小物には加工しにくい大柄タイプの模様も生かしたいと考えて作りはじめた作品です。

From pieni

4畳ほどの小さなトタン屋根の駄菓子屋さん。それを『ガラスの先に広がる夢の世界』と表現したIさんに、共感する大人は多いのではないでしょうか。私（晋吾）もそのひとりで、近所に駄菓子屋がなかったという妻を気の毒に感じたほどです。

駄菓子屋さんは、考えてみると不思議なお店です。

まずお客さんが子どもであること。子どもが選んで大人がお金を払うおもちゃ屋さんと違い、子どもが選んで子どもがお金を払う店は、ほかに思いつきません。小さな子どもであっても「お客さん」として扱われる唯一のお店屋さんなのです。もちろん子どもたちの社交場でもありました。

週末になると、100円玉を握りしめてそこへ向かう。子どものわくわく感が伝わってきます。80歳を越えて週末だけ店を開けていたという話も、子どもたちのために、動けるうちは細々とでも続けてくれていたのだろうと想像できます。何しろ子どもたちの親のことまでよくわかっているお店なのです。

少し重たい型板ガラスの引き戸を開けて、入り口にある駄菓子の空き箱を取ると、そこに自分で計算しながら、お菓子やくじ引きの紙を入れていく。100円を越えないように、小さな指を折って何度も数える。子どもたち

の真剣な顔がありありと浮かびます。

私が通っていた駄菓子屋さんもまったく一緒で、まさに「お金の勉強」の場でもありました。そして子どもながらに店主の老夫婦の厳しい視線と空気を感じたものです。じつは一度だけ、小さなズルをしようとしてこっぴどく叱られた記憶があります。今思うと、あたたかい目で見守りながらも、悪いことを覚えさせてはいけないという大人たちの責任感から叱ってくれていたのだとわかります。

あの頃の大人は、他人の子どもも自分の子どもと同じように叱ったし、子どもは叱られながら社会のルールを覚えていきました。

大人になり、昭和型板ガラスの作品を見るたびに「店主のおばあちゃんの顔と、懐かしいあの場所がよみがえり、感謝の想いがこみあげてくる」と書いたIさん。

広さ4畳の『ガラスの先に広がる夢の世界』で過ごした時間が、子どもたちの心をこんなにも豊かに育てていたことを、駄菓子屋のおばあちゃんに知らせてあげたいと心から思うのです。

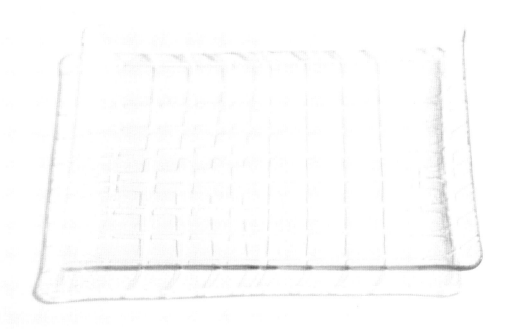

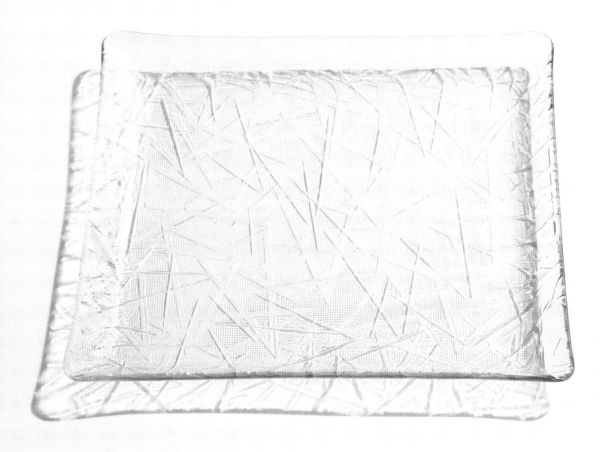

Episode 05

あたたかい想い出

山口県・Iさん

　実家には土間があり、部屋と土間の間はどこも昭和型板ガラスの扉でした。少し重さがあり、子どもの頃は扉を開けるのに力がいりました。

　眠りにつくときに寝室の隣の部屋から漏れる光が、ガラスから透けて見えて、安心して眠れたものです。

　ざらざらとした触り心地も子ども心に楽しいものでした。

From pieni

「土間があり、部屋と土間の間はどこも昭和
型板ガラスの扉でした」

　冒頭の一文から、Ｉさんのご実家の土間の
様子——広さがあり、ひんやりとしてほの暗
い空間が思い浮かびます。地方の古い民家に
は必ずといっていいほど広い土間がありまし
た。田舎の家の天井は高く、それに合わせた
建具も背が高く重たくなる。型板ガラスの
入った引き戸の開け閉めは、子どもの力では
ひと苦労でした。
　土間は不思議な空間です。屋内にありなが
ら、床は貼らず土足で歩ける。家の外と内の
中間にあり、何もないからなんでもできる空
間なのです。雨天時に農具や漁具の手入れを
する、炊事をする、来客と話す。時と人に合
わせて自在に使える日本古来の民家の形式で、
最近では一般住宅の設計においても土間の汎
用性と自由度が注目されてきています。

　私（晋吾）の実家にも、かなり広い土間が
あります。今はコンクリートに打ち替えてい
ますが、昔は土でいつも暗くじめっとしてい
ました。縁の下には「芋穴」と呼ばれる穴が
あり、芋類ほかいろんなものが放り込んであ
りました。日が当たらず年中涼しい床下に食
べ物を保存しておく先人の知恵です。住んで
いた頃はなんとも思いませんでしたが、その

機能性に気づいた今では「土間のある家に住
む」は私たちの憧れになっています。

　もうひとつ、古い民家にあるものが「夜の
暗さ」です。外はもちろん、広い家の中も
真っ暗になる。「鼻をつままれてもわからな
い」という表現がぴったりの暗さなのです。
その中でときおり「ミシッ」と音がしたり、
目を凝らすと暗闇の中に何かが見えてくるよ
うな気がする。子どもの夜にはそんな緊張感
がありました。

　その暗闇の中で、型板ガラス越しに隣の部
屋の灯りが漏れてくる。まだ起きているお父
さん、お母さんの気配がする。部屋の中の様
子も薄暗く見えている。Ｉさんにとってその
ときの型板ガラスはお守りのように輝いて見
えていたかもしれません。
「隣の部屋から漏れる光が、ガラスから透け
て見えて、安心して眠れたものです」
　重くて、暗くて、寒くて。古い民家は決し
て子どもにやさしくありません。不気味さも
危なさもある。でも、その心細さの中で、子
どもたちは生きるための知恵や勇気、家族の
あたたかみややさしさを感じ取る力を養って
いたのかもしれない、とも思うのです。

Episode 06

何気ない生活

愛知県・Fさん

　18歳で実家を出て、もう10年以上たちます。

　家族7人で過ごしていたので毎日にぎやかでした。家のいたるところにさまざまな模様の型板ガラスが使われており、家族の想い出とともに懐かしくよみがえってきます。

　3人姉妹で、学生の頃は何かにつけて言い争いになり、居間の引き戸をバンッと強く閉めて部屋を立ち去ったり。縁側の隅でいじけて丸くなっているときも。のんびり昼寝しているときも。夜、お風呂場でガラスの外側に貼りついたカベチョロに驚いたときも。かたわらに型板ガラスがありました。

　花や葉っぱの模様、ギザギザした模様など、写真を見るとこんなデザインもあったあった！と少し興奮しています。

　特別な想い出はないのですが、実家での何気ない生活が思い出され、ほっとした気持ちになり、ちょっとセンチメンタルな気分にもなる。型板ガラスはそんな存在です。

From pieni

「特別な想い出はないのですが、実家での何気ない生活が思い出され、ほっとした気持ちになり、ちょっとセンチメンタルな気分になる。型板ガラスはそんな存在です」

　この最後の一文。私たちにとってこれほどうれしい言葉はありません。今の活動を続けている私たちの願いそのものだからです。子ども時代のおだやかでなんでもない日常、そこに当たり前にあった昭和型板ガラス。家は建て替えられ、ガラスは生産されなくなり、日々の暮らしからは消えたけれど、ガラスを通して心の底に眠っていたやさしい記憶、しあわせな時間を思い出してみませんか？ そういう思いでやってきてよかったなあと、心からうれしくなるのです。

「家のいたるところにさまざまな模様の型板ガラスが使われており、家族の想い出とともに懐かしくよみがえってきます」

　お父さんとお母さん、おじいちゃんとおばあちゃん、3人の姉妹という7人家族。昔は当たり前にあった3世代家族。その中で育った3姉妹のにぎやかな日常が綴られています。Fさんが3人姉妹の何番目だったのかは書かれていませんが、おそらく末っ子さんではないかなと想像しました。場面も心情も、3人兄弟の末っ子の私（晋吾）のそれとそっくり同じだったからです。

　何かにつけては言い争いになり、居間の引き戸を「バンっ」と強く閉め部屋を立ち去る。これ、私も兄と喧嘩してよくやりました。口でも腕力でも勝てない。その悔しさをぶつけられるのは居間の引き戸しかないのです。ガラスが割れてしまうじゃないかと、よく親から叱られていました。

　縁側の隅でいじけて丸くなっている。自分からは絶対折れたくない、でも誰かが声をかけてくれないかと待っている感じ。わかりすぎて思わず笑ってしまいました。そして昼寝ができるほど広かったその縁側の一面にも、昭和の型板ガラスがあったのです。

　ただひとつだけ「カベチョロ」ははじめて聞く言葉でした。調べてみると九州北部や山口県の一部でヤモリなどを指す方言で、家の壁をチョロチョロとはい回る様子から名づけられたそうです。指先の丸い吸盤が何とも愛くるしい「カベチョロ」がお風呂場の型板ガラスに貼りついている。想像すると絵になりますね。ちなみにヤモリにはほかにも地方ごとの呼び名があるそうですが、いずれも家を守る存在とされ、漢字も「家守」と表記されることが多いようです。

「花や葉っぱの模様、ギザギザした模様など、写真を見るとこんなデザインもあったあった！ と少し興奮しています」

　居間の引き戸、縁側、お風呂場。家のいたるところにあった型板ガラスもまた、家族を見守る「家守」だったのかもしれません。

Episode 07

古い団地と祖父母の家

静岡県・Wさん

型板ガラスには、幼少の頃住んだ古い団地の窓ガラスや、祖父母の家の印象があります。

　子ども時代を過ごした団地では、春先は敷地内の桜の木の下で花見をし、夏場はバーベキューをしました。休日には鬼ごっこをして、よく怒られていました。そんな団地で窓ガラスに使われていたのが型板ガラスでした。
　やがて両親が戸建てを購入し、私たちが退去してほどなく団地は宅地開発で解体されました。今でも車で近くを通り過ぎることがありますが、当時を思わせる跡はまったくありません。

　祖父母の家は昭和のアイテムで埋め尽くされたような家で、玄関先の建具に型板ガラスが使われていました。祖父がヘビースモーカーなので、ガラスは生成りのような色味になっていました。祖父が堅物だったこともあり、帰省しても一緒に遊んでくれるわけではなく、ゲームのような遊ぶものもなく退屈で、家の中をフラフラ探索して時間をつぶしていました。そんな時間の記憶の中に、玄関先の型板ガラスがあります。
　日中はさわやかなイメージの玄関ですが、西日が入る時間には、とても物悲しい色味になるのです。祖父母の家は今でもありますが、しばらく行けていません。

From pieni

「団地族」という言葉をご存じですか？　昭和30年代に深刻な住宅不足を解消するために生まれた「団地」は高度経済成長のシンボルであり、「団地に住む」ことは多くの人の憧れでもありました。それまで日本家屋では一体だった「食」と「寝」が分離され、ダイニングキッチン、ステンレス製流し台、シリンダー錠、洋式トイレなど、最新の住宅設備を備えた団地は、数十倍の抽選倍率だったといいます。

さらに、1970年代になるとベビーブームが到来。入居者は20代から40代の子育て世代が多く、お母さんたちの目が届く団地内の公園で子どもたちが遊べる環境も安心だったはず。Wさんのお手紙からも、そんなにぎやかだった団地生活の様子が伝わってきます。

春には敷地内の桜の木の下で花見、夏はバーベキュー大会。団地内での鬼ごっこ。私たちの子ども時代にも近くの団地には同じような光景がありました。ただし、団地に型板ガラスが使われていたことは驚きでした。全棟同じ柄なのか、棟ごとに違う柄だったのか。団地は宅地開発で跡形もなく消えてしまったそうですが、「今回購入した作品が当時の想い出を呼び起こす鍵になった」と手紙の最後に書き添えられていました。

そしてもうひとつの呼び起こされた記憶。それが祖父母の家の玄関先の「物悲しい色味」でした。

「日中はさわやかなイメージの玄関ですが、西日が入る時間には、とても物悲しい色味になるのです」

西日を受けて「物悲しい色味」に変わる。それが「型板ガラス」なのか、玄関全体の空間なのか、文面からはわかりません。でも、いずれにしても「堅物のおじいちゃん」と「退屈な時間」がなければ出逢うことのなかった情景なのだろうと思います。

そもそも私たち夫婦には「堅物」という言葉が懐かしい。堅物とは「真面目過ぎて頭が固い、頑固で堅苦しい雰囲気がある人」のことです。昭和の時代には堅物は珍しい存在ではなかったですし、けっこう周りからも信頼されていました。

堅物のおじいちゃんがひとり、頑としていてくれる。ゲームより子どもは外で思いっきり遊んでこいと迷いなく言える。その退屈さや不自由さの中で、子どもたちは何かに「出逢う」のかもしれません。

堅物でヘビースモーカーのおじいちゃん。生成り色の型板ガラス。今もあるその玄関先は、西日を受けて物悲しい色味に染まっているのでしょうね。

Episode 08

手袋の小鳥

大阪府・Mさん

　実家のベランダに面した窓で使われていた型板ガラスの模様が『銀河』でした。きれいで、かわいくて、小さい頃から大好きでした。

　やわらかな陽の光が射す午後は、ガラス窓のそばに座り好きな本を読んだりしました。また、冬には父がお土産に買ってきてくれた手袋をはめてガラスの模様を指先でなぞるのが好きでした。甲に愛らしい小鳥のイラストが入った手袋でした。窓辺の冷気でガラスが冷えると小鳥の上に小さなハート柄がたくさん浮かび、小鳥がクジャクのように見えるのです。それが楽しくてずっと遊んでいました。

　そんなことも大人になってすっかり忘れてしまっていましたが、pieni さんの作品に出逢えたことで、あの手袋の小鳥がよみがえってきました。私の中でちゃんと生きてくれていたんだと知り、またうれしくなりました。想い出は人の気持ちをやさしくしてくれますね。

From pieni

まるで児童文学を読んでいるようにあれこれ想像がふくらむ想い出でした。

甲に愛らしい小鳥のイラストが入った手袋。それを幼い娘に買ってきたお父さまの愛情が感じられます。

その手袋をはめた指先で「きれいで、かわいくて、大好きだった」窓ガラスの大きな星の模様をなぞる。うっとりする女の子の様子が浮かんできて、読んでいた私たちも自然に笑みがこぼれました。

もうひとつ、私たちの想像をかきたてたのは「小鳥の上に浮かぶ小さなハート型」の「何か」でした。ガラスが冷たく冷えると小鳥の上に小さなハート型がたくさん浮かんで小鳥がクジャクに見えてくる。それが楽しくてずっとひとりで遊んでいたというのです。

もしかしたら……と検索してみると、SNSで「これかな？」というレトロ雑貨を見つけました。1980年代にあった、温度で絵や色が変化する子ども用の手袋です。当時はこうした仕掛けつきの雑貨が流行り、小学生の憧れのアイテムだったようです。

Mさんの手袋がそれだったのかはわかりませんが、ハート型が浮かびあがった様子をクジャクに見立てたのは、Mさんの想像力のなせる技だったのだろうと思います。

小さな子どもは日常にあるものを別の何かに見立てる天才です。それはうっとりするほど美しかったり、なんだか怖かったり、きつねにつままれたような不思議さだったりします。そしてなぜか大人になると忘れてしまうのです。

大好きだった『銀河』の作品を目にしたことで、すっかり忘れていた小鳥の姿がよみがえり「自分の中でずっと生きていてくれていた」といううれしさを綴ってくださったMさん。それはそのまま、小鳥と遊んでいた子どもの自分も、Mさんの中で生き続けていたことなのかもしれません。そして思うのです。「想い出は人の気持ちをやさしくしますね」

最後のこのひと言は、どちらのMさんが言ったのかしらと。

Episode 09

銀河

静岡県・Tさん

　40代半ばだった両親が店舗兼住宅を新築するとき、私は静岡の実家を離れ、東京の学校で寮生活を送っていました。

　それでも毎週末には帰省しており、窓や建具に使う型板ガラスも選ばせてもらえました。当時はガラスの名前など知りませんでしたが。

　引き戸が好みだった父が玄関の引き戸に選んだのは『石目』。

　私が一番気に入ったのは『銀河』でした。自分の部屋はもちろん、和洋折衷の玄関の窓にも『銀河』を選びました。本当はすべて『銀河』にしたいくらいでしたが、工務店の勧めもあって水回りには『よぞら』を使うことになりました。

　ガラスが入ってからはじめての帰省のとき、わくわくして玄関窓を見ると、なんと『よぞら』でした。忙しくしていた両親は気づかなかったというのです。

　悲しくてせつなくて、どうしても『銀河』に思い入れのある私は、やり直してもらえないかと涙ながらに頼みました。どこで手違いが生じたのかはわかりませんが、なんとか交換してもらうことができました。

　卒業して実家に戻り、2階から降りる階段の先に『銀河』を目にするたび、笑みがこぼれる私でした。

　それから20年後には父が亡くなり、その家も10年ほど前に解体されました。

　先日、自然食品店を営む友人がリニューアルオープンした店を訪れた際、『銀河』と再会しました。中古の事務所をリフォームしたのですが、窓ガラスの『銀河』は素敵だったのでそのまま残したとのこと。

　懐かしさとともに想い出がよみがえってきました。一緒にいた母に興奮気味に話してみましたが、「そんなことあったかなあ」と残念な返事。90歳になろうとしている母の介護生活も13年目。あの頼もしかった母の姿も遠い想い出です。

　もうひとつ思い出したのは、新築中の仮住まいとして敷地内の倉庫に設けられた6畳間のガラス窓です。午後の西日を受けてきらきらと光るそのガラスを、「ダイヤモンドみたいにきれい」と陽が傾くまで見入っていたことがありました。

　今になって知るそのガラスの名前は、まさしく『ダイヤ』でした。

From pieni

「卒業して実家に戻り、二階から降りる階段の先に『銀河』を目にするたび、笑みがこぼれる私でした」

この一文がTさんと『銀河』の物語を語りつくしているように感じました。お母さまの年齢から推測すると、半世紀近く前の想い出になります。

満天の星空にひときわ大きく輝く星がちりばめられた『銀河』は、1967（昭和42）年の発売当初から人気が高く、王道ともいえる昭和型板ガラスのひとつです。

私たちがうらやましく思ったのは、Tさんが自分の大好きなガラスを選ばせてもらえたことです。活動をはじめて10年になりますが、自分で好きなガラスを選べたという方ははじめてでした。お手紙の感じから、玄関の引き戸以外はTさんの希望が取り入れられたのではないでしょうか。そこにご両親の深い愛情が感じられました。

ところが"何かの手違い"が起きます。わくわくして帰省した玄関窓には『銀河』ではなく『よぞら』がはまっていた。同じ宇宙にまつわるデザインでも、星々のきらめきを描いた『銀河』と、星の瞬きを描いた『よぞら』ではイメージは大きく変わります。「本当はすべて銀河にしたかった」Tさんの「悲しくて、せつなくて」という切実さは、読んでいて私たちも胸を打たれました。

忙しくて気づかなかったというご両親も、涙ながらに訴える娘の思いに心を動かされたのでしょう。ご両親の世代を考えると、相手のミスだったとしても一度入ったガラスを入れ替えてほしいと言える日本人は少なかったはず。昭和の時代、クレーマーという言葉も概念もまだなかったように思います。

新築から20年後にはお父さまが亡くなり、その家も10年前には解体。大好きだった『銀河』も廃棄されてしまった。しかし時が過ぎ、リニューアルした友人の自然食品店で『銀河』と再会。もしこのとき再会した型板ガラスが『銀河』でなく『よぞら』だったら。Tさんが私たちのサイトにつながることも、ふたたび『銀河』とともに暮らすこともなかったかもしれません。

型板ガラスの物語では、「偶然の再会」がよく起こります。旅先で、友人の店で、古道具市で、新聞の小さな記事で。それは「過去の無数の記憶」という満天の星々の中でひときわ大きく輝く星のように、懐かしい家族との想い出をよみがえらせてくれます。

想い出の最後に、Tさんはある言葉を添えてくれました。

「私が愛読している聖書の中にこんな言葉があります。『あらゆる勤勉な働きには価値がある』。どうぞこれからも先人の思いを受け継ぐ価値ある活動を続けてください」

偶然のご縁からいただいたこの言葉も、私たちの宝物となりました。

『銀河』の作品いろいろ。プレートは「なるべく加工せず、
ガラスのみで飾りたい」というお客さまのご要望を受けて
作り、私たちも出店時にディスプレイとして使っています。
左上：プレート（H15 × W21cm）
左下2点：小皿（W7.5 × D7.5cm）
右2点：豆皿（W6 × D6cm）
右下：ピアス（H27 × W20mm ／
H37 × W17mm）

Episode 10

古い大学のキャンパス

福岡県・Oさん

　昔は、当たり前のようにあちこちで模様入りガラスを目にしていました。窓や戸はもちろん、医院の衝立などにも使われていたような気がします。住宅のガラス戸では、下半分が『銀河』というパターンがわりと多かった印象があります。

　ところがいつからか、見なくなりました。見なくなってみると、不思議に懐かしいものです。古民家を利用したお店や古いビルで見かけて、うれしくなって写真を撮ったりすることもあります。

　十年以上前、ある古い大学のキャンパスの、もうあまり人も出入りしなくなったような古い建物が並ぶ一角で、格子のひとつひとつに違う模様の型板ガラスがはまっている窓を見つけたことがあります。

　意図的にそうしたのか、あるいは割れたときにその都度違うガラスで継ぎはぎしていったのか？　経緯はわかりませんが、すごくいいなと思いました。

　そのキャンパスも取り壊されて、今はもうありません。

From pieni

　下半分に『銀河』がはまっている民家の窓ガラス。クリニックではなく「医院」にあったガラスがはめられた衝立。古い大学のキャンパスにあった継ぎはぎのガラス窓。私たちが懐かしさをこめて「昭和」と呼ぶあの頃の風景が浮かんでくるお手紙でした。

　見かけなくなると「不思議に懐かしく」、見かけるとうれしくなって写真を撮ってしまう。「懐かしい」と「うれしい」がつながる。考えてみると不思議ですが、じつは脳医学的には「懐かしさ」と「幸福感」のつながりは明らかなのだそうです。

　脳医学の研究によると、過去を懐かしく振り返ることには、脳の健康維持、未来に向かって生きる力を生む、ストレス解消と気分転換、幸福感を得る、という4つの効果があり、現在は「懐かしさ」の感情を応用した治療が、医療や介護の現場でも行われているというのです。ある脳医学者の先生の記事でしたが、びっくりしながらも、深く思い当たるものがありました。

　かつて慣れ親しんでいたものを見て懐かしさとうれしさを感じる。お手紙を目で追いながら、私たちの中でも同じことが起こります。「町のお医者さん」である「医院」は、患者の家族構成やもろもろの事情も知っていて、夜間の往診もしてくれる頼もしい存在でした。そして診察室と待合室の間には、たしかに型板ガラスの衝立があった。太くて重たそうな土台としっかりと組まれた木枠、型板ガラス

の頼もしい厚みまではっきりと覚えています。

　そして古い大学のキャンパスで見た模様のちぐはぐなガラス窓。じつはお手紙にはそのとき撮った写真も添えられていました。おそらく割れるたびに模様の違うガラスで補修されたのでしょう。さらにその中の1枚にはガラスを釘で打ち止めるという斬新な方法がとられていて、思わず苦笑してしまいました。でも、それも含めてなんとも懐かしい味わい深さがあり、たしかに「すごくいい」のです。

　ガラスが割れて、別のガラスが入る。一枚一枚のガラスの模様にそれぞれの物語があり、かかわった「誰か」の想い出がある。そのガラスたちもキャンパスとともに取り壊されて、今はなくなってしまっている。

　でも思うのです。失われたガラスたちも、「誰か」の心の中で、思い出してもらえる瞬間を静かに待っているのではないかと。

Episode 11

祖父が作った建具

広島県・Iさん

　祖父母の家は、建具も含めすべて祖父と祖父の兄弟とで作ったそうです。祖父は和菓子屋を営んでおり、その作業場と住居を仕切る窓、作りつけの戸棚、台所の引き戸など、いたるところに昭和型板ガラスがはめられていたことを覚えています。

「これはおじいちゃんが作ったんだ」

　湯呑みを取り出しながら祖父はそう言い、型板ガラスのはまったその戸棚の話をよく聞かされたものです。

　その家を建て替えることになったとき、私も妹も、新しいものを追い求めたい中学生くらいでした。型板ガラスの価値も知らず、取り置いてほしいと望むこともしませんでした。家は解体され、窓や引き戸、お祖父ちゃんの戸棚と一緒にそのガラスたちも失いました。

　成人して建築関係に進んだ妹と、あのときの建具と型板ガラスのことがよく話題になります。

「懐かしいね」

「あれきれいだったよね」

「もう作っていないからレアなんだよ、知ってた？」

　私たちの想い出としてだけではなく、いろいろな人にいろいろな形で望まれている素敵な存在なんだなと大人になって知りました。あのとき、それを知っていれば……なんて。

　今回お譲りいただいた作品を眺めながら、新しさと懐かしさと、複雑な気持ちです。これからは私も、私のレトロガラスといろんな時間を過ごしていきたいです。

右ページ／Iさんが購入してくださった『きく』の
コースター（W8 × D8cm）。ガラスのコースターに
は冷たいグラスなどをのせると結露でくっついてし
まう弱点もあるのですが、模様入りの"ザラ面"に
器を置くとくっつきにくくなります。置くものに合
わせて表裏を替えて使うのがおすすめです。

From pieni

「これはおじいちゃんが作ったんだ」

　戸棚から湯呑みを取り出すたびに孫たちに言って聞かせたという言葉に、私たちは「おじいさまは何を伝えようとしたのだろう？」と考えました。自分が作った戸棚に対する思い入れもあるでしょう。それとは別に、言葉にならないものを伝えようとされていたのではないか。値段とは別の「ものの価値」についてです。

　昭和の中頃、高度経済成長期を迎えた日本は大量生産、大量消費の時代に入り、消費者はテレビCMを見て新しいものを追いかけるようになりました。プラスチックや化学繊維で作られた製品や衣服、ラーメンに代表されるインスタント食品、家事を楽にしてくれる家電製品などが次々発売され、飛ぶように売れた時代です。一方でインフレによる物価高、不当表示、薬害、公害といったひずみももたらされた。そんな時代に自分たちの手で作った家で和菓子屋さんをしていたお祖父さまの言葉は、たくさんのことを伝えていたのではないかと思います。

　型板ガラスのはまった戸棚を作るときの、失敗や工夫。そうした生きた知恵とともに「ものへの愛おしみ」を伝えたい。何度も、何度でも。それは祖父母だからこそその「ゆとり」であり、孫たちに託した願いのようにも感じます。

　もちろん、「新しいものを追い求めたい中学生」のIさんと妹さんには、それを知るよしもありません。大人の私たちにとっても「新しいもの」は魅力的なのですから。おじいさまがご兄弟と作られた住居兼店舗の家も、戸棚も、たくさんの型板ガラスも、建て替えによって処分されてしまいます。それでも「大切なもの」は残されていました。

「懐かしいね」
「あれきれいだったよね」
「もう作っていないからレアなんだよ、知ってた？」

　成人して建築関係に進んだ妹さんとの会話に、おじいさまから託された「大切なもの」が残されている。型板ガラスそのものの価値以上に、おじいちゃんの生き方、おじいちゃんの言葉の価値に気づかれたのではないか。

　そう感じられて私たちまでうれしくなりました。

　想い出の型板ガラスの作品に「新しさと懐かしさ」を感じつつ、「これから私のレトロガラスと時間を重ねていこう」と前を向くIさん。その姿に、おじいさまも微笑まれているのではないでしょうか。

マジックの記憶

埼玉県・Oさん

　子どもの頃、祖母と叔父家族と住んでいた時期があります。その家の窓ガラスの柄が『古都』でした。今回 pieni さんの商品を目にしたとき、懐かしさとともにパッと思い出したのが、ガラスの柄の中にある小さな四角をマジックで黒く塗りつぶし、3つ下の弟に探させたことでした。

　まだ幼い弟は下ばかりを探して結局見つけられず、そのうちに飽きてしまい次の遊びへ移行。私も自分で塗りつぶしておきながらどこを黒く塗ったのか忘れてしまい、弟を追いかけてそのまま放置。

　40年も前なので、とっくにマジックは消えていると思いますが、今度叔父の家に遊びに行ったら記憶をたどり探してみたいと思います。うっすらでも残っているとうれしいな。

　その家にもう祖母はいませんが叔父家族が住んでいるので、この想い出と今では昭和型板ガラスがとても貴重なものだということを話題にしようと思います。

　また、お風呂の脱衣場のガラスが『銀河』でした。母がお風呂からあがるのを星を数えて待っていた記憶もよみがえりました。

From pieni

「うっすらでも残っているとうれしいな」

　お手紙を読みながら私たちも「残っていてほしい！」と思わず願いました。

　今でもあの場所に、残っているかもしれない想い出の痕跡。

　考えただけでわくわくしませんか？　そして子どもの遊びの着想と奇抜さにあっけにとられるのです。

　『古都』は、1969（昭和44）年に、日本板硝子株式会社が発売した型板ガラスです。京都の町並みをイメージした図柄らしく、サイズの違う小さな四角がちりばめられた、古き都を感じさせるおしとやかなガラスです。その美しく並んだ四角のひとつを黒マジックで塗りつぶす。私たちには思いつかない着想でした。

　おばあさまと叔父さん家族が住む家にOさん家族も同居されていた。昭和にはめずらしくなかった家族構成でした。その中で育つ姉と3つ下の弟。お手紙からも「お世話やき」のやさしいお姉ちゃんの姿が目に浮かびます。

　3歳離れた弟の目線の高さ。それを考えずに上のほうの四角を塗ってしまったのか。あえていたずら心でそうしたのか。どちらにしても、幼い弟はすぐに飽きてほかへ行ってし

まう。そして自分でもどこを黒く塗ったのか忘れてしまい、あわてて弟を追いかける。

　幼い姉弟のなんでもない日常のちょっとしたいたずら遊び。それが40年たつと宝物のような想い出になる。「時間」というものの不思議をOさんの手紙は教えてくれます。

　そしてもうひとつの記憶が、脱衣所にあった型板ガラスの『銀河』。夜空にきらめく大小の星々をデザインしたガラスです。

「母がお風呂からあがるのを星を数えて待っていたのを思い出します」

　星を数えていた状況を想像してみました。お母さんに身体を洗ってもらい、先にあがってパジャマを着る。でもお母さんを待っていたい。大家族の中でお母さんを独占できる時間は少ないからです。

　待ちながら数えていたその『銀河』の星たちは、今でも叔父さんの家の脱衣所に残っているのだろうか。またそれも気になってしまい、ふたりでそわそわしてしまうのです。

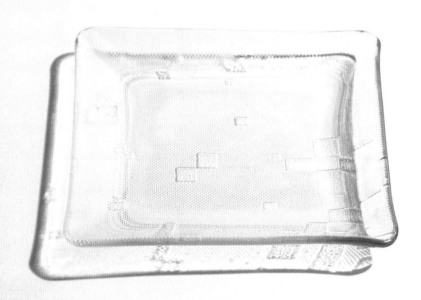

Ｏさんが購入してくださった『古都』の角皿（W7.5
×D7.5cm）。Ｏさんが黒いマジックで塗りつぶし
たのは、見つけにくい小さな四角だったのかもしれ
ないなあ……などと考えながらお包みしました。

Episode 13
ガラスの中の世界

東京都・Tさん

　今日はじめて、ひとりで大切にしていた素敵な秘密をシェアします。

　子どもの頃、私は「お昼寝をしなかったから」と妹よりも1時間早く2階の寝室に行かされることがよくありました。全然眠たくないし、寝る前にしていた遊びの続きをしたかったので、こっそり起き出しては階段の曲がり角に身を潜めて茶の間の様子をのぞいたりしていました（当時はリビングというより茶の間です。階段を降りた正面が茶の間でした）。

　ぬり絵の下手な妹が、ぬり絵を進めている姿を見てもどかしく思ったり。こっそり見ていることを誰も気がつかないことにほくそ笑んだり。見つかると叱られるのでのぞき見は短時間で切り上げ、あとは街灯に照らされた窓の外を眺めたりしていました。

　そしてある日、窓ガラスに額を押しつけるようにしているときに発見したのが、『ダイヤ』の中に見える「きらめき」でした。ガラス全体に花火のようなきらめきがひしめいてたのです。
　お昼寝をする年頃なので、就学前でしょう。まだ理科の実験も知らないのにそれを「結晶」だと思いました。私の名前に"晶"の字があるので、"結晶"という言葉は知っていたのかもしれません。この結晶はいつも見えるわけではなく、暗闇の中で街灯のような乏しい光を『ダイヤ』に通した状態でないと見えません。

　誰かに教えたいけれど『ダイヤ』・暗闇・街灯の三拍子がそろうことはそうそうありません。当時、『ダイヤ』は珍しい模様ではありませんでしたが、このガラスの中の結晶を知っていたのは私だけだと思います。

　あのガラスの中の世界をもう一度見たい。部屋を暗くして、今回購入した『ダイヤ』のお皿越しに戸の隙間の光を見てみました。スマホで撮影してみると、あのときの結晶の片鱗が見えました。でもやはり、一番近いのは花火のスパーク。もっと条件にぴったり合う環境を探し求めて、しばらく彷徨して余生を楽しもうと思います。

From pieni

「子どもと秘密」。児童文学にも多く見られるテーマです。たしかに子どもの頃の「自分だけが知っている秘密」は私たちにもありました。あるとき偶然に知ってしまった秘密。もうそれだけで世界が変わって見えるような。Tさんの手紙を読みながら、わくわくしたその感覚を思い出しました。

秘密を持つということは、子どもの成長に大事なできごとだと本で読んだことがあります。誰にも教えたくない。とくに大人には（大人というのは大事なことがわからないからです）。でも誰かにそっと教えたい。優越感と矛盾した思い、それを抱えることで心が成長していくのかもしれません。

とくにTさんは、創造的なお子さんだったのでしょう。暗闇の中でガラスに額を押し当てて、あえて目の焦点が合わないほどの至近距離でガラスを見る。とても創造的な行為です。私たちも「子どもだった自分」で想像してみましたが、そんなことをしようという発想は出てきませんでした。

焦点の合わない目はそこに「結晶」を「発見」します。『ダイヤ』という型板ガラスに彫られた無数の小さな粒々。それぞれがきらめきを放ちながら一面にひしめいていた。これがTさんだけが知る「ガラスの中の世界」で、誰も知らない秘密でした。

ずっと秘密だった「ガラスの中の世界」。もちろん私たちも見てみたい。さっそく試してみたのですが、残念ながら全体的に光ってしまい、ひと粒ごとにきらめく「結晶」はどうやっても確認できませんでした。Tさんの言葉どおり、難しいのは『ダイヤ』・暗闇・街灯（の弱い光）の3つをそろえること。とくに街灯は今ではLEDに変わっていて昭和の街灯とは色味も明るさもかなり違ってしまうため、同じ条件になりにくいようです。

Tさんご自身も、今回購入された『ダイヤ』の長皿を使って試しても、見えたのは「結晶の片鱗」だけだったといいます。

「あのガラスの中の世界をもう一度見たい」

「もっと条件にぴったり合う環境を探し求めて、しばらく彷徨して余生を楽しもうと思います」

お昼寝が苦手で「ガラスの中の世界」に夢中になっていたあの頃から、Tさんの好奇心と創造性は少しも変わっていない。最後の一文にそれを確認して、私たちまでうれしくなりました。

封印していた「ガラスの中の世界」にまた逢えることを心からお祈りします。

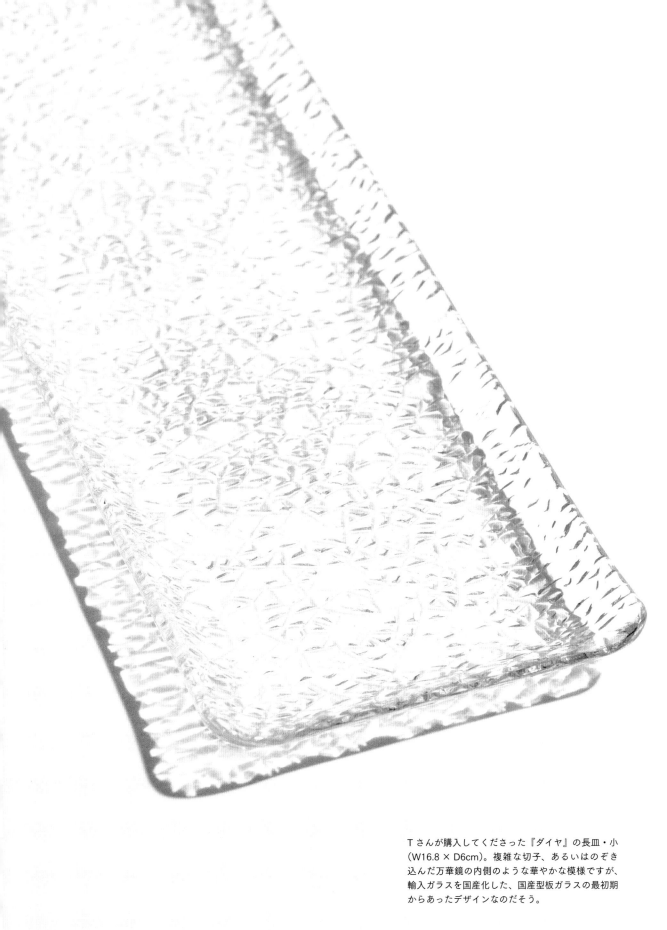

Ｔさんが購入してくださった『ダイヤ』の長皿・小
（W16.8 × D6cm）。複雑な切子、あるいはのぞき
込んだ万華鏡の内側のような華やかな模様ですが、
輸入ガラスを国産化した、国産型板ガラスの最初期
からあったデザインなのだそう。

39

Episode 14

いろんな模様

千葉県・Tさん

　実家の隣におばあちゃんのおうちがあり、学校帰りや休みの日はいつもおばあちゃんの家に行っていました。

　おばあちゃんの家でもいろいろな模様の型板ガラスが使われていました。ガラスの模様に白い紙を当てて色鉛筆でこすると、模様が浮かんできます。模様ごとにみんな違った感じになるので、それが楽しくて、きれいで、飽きずに遊んでいたものです。

　今は遠く離れてしまい、実家にもおばあちゃんちにも全然帰れていません。pieniさんのサイトを見て懐かしさと一緒におばあちゃんちのガラスを思い出しました。

From pieni

実家の隣にある「おばあちゃんち」。一行目を読み終わらずに、私たちは「いいなあー」と声をもらしました。子どもにとって「おばあちゃんち」は安全地帯です。愛される場所であり、ときに秘密基地にもなる。それが家の隣にある。家と「おばあちゃんち」を行き来しながら子ども時代を過ごす。その満たされた時間を想って、つい声がもれたのだと思います。

わずか数メートルしか離れていなくても、「おばあちゃんち」は何もかもが「なんとなく違う」ものです。時間の流れ方、お約束ごと、おしゃべりの内容、出されるおやつまで。すべてに「ゆとり」があるし、時間もゆったりと流れている。それでいて秩序があるのですから、もう子どもにとってはこれほど居心地がいい場はありません。

そのおばあちゃんの家にいろいろな模様の型板ガラスが使われていた。そしてそのガラスたちは、Tさんを夢中にさせた遊び相手でもありました。ガラスの模様がある面に白い紙を当てて色鉛筆でこする。すると模様が浮かんでくる。「フロッタージュ」と呼ばれる単純な遊びなのですが、これがやってみると、なかなか奥の深い世界なのです。

「模様ごとにみんな違った感じになるので、それが楽しくて、きれいで、飽きずに遊んでいたものです」

Tさんの言うとおり、同じ模様を同じように こすってもまったく同じにはなりません。まず、ガラスを光に透かして当てた紙の上から柄が見えるように調整するのが、子どもには難しい。たとえば『銀河』でも、大・中・小の3種類の星が彫られているので、紙を当てる場所が少しずれると狙った柄が出てこなかったりします。

また、鉛筆の削り具合も影響します。削りたてのとがった芯か、先が丸くなった芯か。さらに芯を当てる角度や、こするときの力の入れ加減によっても、色の濃淡、柄の浮かび具合が変わる。だからこそ飽きずに夢中になれたのだと思います。

最近、子どもの幼児教育の分野で「指先の知育玩具」が重要視されていると聞き、驚きました。手や指先は「第二の脳」と呼ばれ、手や指先を使った遊びは子どもの心身の発達に大きく影響するというのです。ゲームもスマホもなくても、誰かにおもちゃを与えられなくても、子どもたちの「第二の脳」は自由に遊びを創造することができる。Tさんのフロッタージュも、そんなふうに創造された遊びだったのかもしれません。

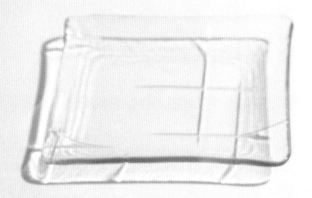

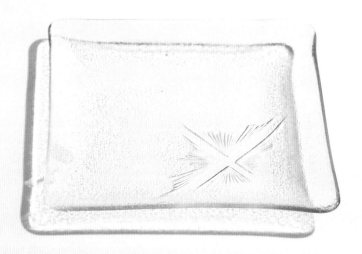

Ｔさんが購入してくださった『かすり』（上）と『よ
ぞら』（下）の角皿（W7.5 × D7.5cm）。モチーフ
は違いますがどちらもクロスが点在する模様で、作
品を作るときは、クロスをどこに配置するかを試行
錯誤しています。

Episode 15

ばら

宮城県・Yさん

　私の想い出の型板ガラスは『ばら』です。子どもの頃、この窓ガラスのあった古い借家に住んでいました。今は亡き母や祖母、家族や友だち、親戚たちとやさしくて楽しい時を刻んだ大好きな家です。

　とくに好きだったのは、居間にあった『ばら』の窓ガラスです。外から見ると家の中の灯りを、内から見ると小さくてひときわ明るい街灯の光を映してくれる『ばら』の型板ガラス。やわらかい陽が射し込む時間には、ばらの柄がキラキラと輝いてうっとり。編み物をする母のそばで、ばらの模様を眺めるのも好きでした。

　引っ越してからもずっと大好きだったこの家は、震災の津波で跡形もなく消えてしまいました。震災前、近くに来たついでに久しぶりに通ってみたときは、『ばら』の窓ガラスも現役だったのに。昭和型板ガラスの作品を知ったとき、そのガラスのことがすぐに頭に浮かびました。また近くで見たり触ったりしてみたいなと思っていたので、こうしてばら柄のガラスを手にすることができて本当にうれしかったです。

　これからは『ばら』のフレームとともに、あたたかい時間を刻んでいきたいと思っています。

From pieni

「私の想い出の型板ガラスは『ばら』です」

　お手紙の冒頭に『ばら』の2文字を見つけた瞬間、私たちは少しときときしました。知る人の少ない、私たちにとっても特別なガラスの名前だったからです。そしてこれほど身近に『ばら』があったという方、想い出のガラスに『ばら』を挙げられた方もはじめてでした。

　『ばら』の魅力はなんと言ってもその美しさです。バラは古くは紀元前から「花の中の花」とされ、中世ヨーロッパでは富や豊かさの象徴でもあったそうです。型板ガラスの『ばら』にも美しさだけではない特別な品格を感じます。それなのに不思議なことに『ばら』を知る人は少なく、また残っているガラス自体も少ないのです。私たちも『ばら』に出逢うまでにかなりの年数がかかりました。

　Yさんのお手紙から伝わってきたものも、バラのような「豊かさ」でした。お金という経済的なものさしで測る豊かさではなく、今は亡きお母さまやおばあさま、ご家族と過ごされた「やさしくて楽しいとき」の豊かさです。とくに好きだったという居間の「ばらの窓」も、居間に流れていた家族のやさしい時間の象徴のように感じられました。

　午後のやわらかな陽にきらきらと輝く『ばら』にうっとりするとき。帰宅して外から見つけた『ばら』のあたたかな 橙 色にほっとするとき。家族の団らんの合間に、ふと外灯に染まる白っぽい『ばら』を見たとき。当たり前の日常の中で居間の『ばら』はそのときときの色をにじませてくれていた。編み物をするお母さまのそばで眺めていた『ばら』はどんな色をしていたのでしょうか。

　引っ越してからも大好きだったその家も、居間にあった「ばらの窓」も、震災の津波によって跡形もなく消えてしまった。震災前に立ち寄ったときには、家も「ばらの窓」も当時のままに残っていたのです。モノも人も、移りゆき、やがて消えていく事実を、私たちは何度も何度も知ることで受け入れていきます。そうして涙によって濾過されていくように、想い出は純度を増して輝くのかもしれません。そう感じさせてくれたのが、Yさんの力強い最後の一行でした。

「これからは『ばら』のフレームとともに、あたたかい時間を刻んでいきたいと思います」

Ｙさんが購入してくださった『ばら』のフレーム
（W32 × H17 × D2cm）。木製枠に 4mm 厚のガラ
スをはめ込んだフレームは、受注制作品。小さな
" 窓 " のように立てて楽しむだけでなく、アクセサ
リーなどを置くトレーとしても使えます。

Episode 16

父の思い

東京都・Mさん

　ガラス屋だった父親のおかげで、型板ガラスの想い出はたくさんあります。

　ある日、父から「さあ、塗るぞ」とマジックを渡されて窓ガラスの『ばら』に色を塗ったことがありました。なぜ塗ることになったのか、姉とふたりで塗ったのか父も一緒だったのかは覚えていないのですが、マジックで塗られたガラスのバラが、とてもきれいだったことを覚えています。

　緑で葉の部分を、赤で花びらの部分を。

　今ならいろいろなペンがあるから、もっときれいに塗れるでしょうね。『さくら』なども色を塗ったらきれいだろうな。

　細長く切った鏡3枚で三角柱を作り、周りをガムテープで巻き、中にビーズなどを入れて万華鏡みたいなものを作ってくれたこともありました。

　のちに1年半ほど父のガラス屋を手伝っていましたが、昭和型板ガラスの修繕は1回あったかな？　というくらいです。ガラスの修繕に行くと、まだ現役で窓に入っている型板ガラスはありました。

　さすがにマンションにはありませんでしたが、少し古めのお宅には残っていました。父はおうちの方とこのガラスについて、「昔はいろんな柄が流行っていましたね」などとうれしそうに話していました。「もう作ってないんだぞ、貴重なんだぞ」とも言っていました。

　貴重なことを知っていたからか、父は型板ガラスの需要がなくなったあとも、在庫を処分せず残していました。といっても各種2〜3枚ずつ程度かと思っていたのですが、父が亡くなったあとで確認すると、かなりの枚数があり驚きました。

　処分はしたくない、でも残すこともできない。幸い、このガラスを新しい形で残してくださる方々に出会えて本当にほっとしました。ガラスは窓にはめるだけではないんですね。きっと父も「取っておいてよかっただろう」と言っていると思います。

From pieni

「取っておいてよかっただろう」

　最後のこの言葉。読んでいる私たちにはほんとうに聴こえた気がしました。

　お父さまが残した言葉、その思いを受け継いだ娘さんの思い。じつはお手紙を読むより先に、私たちはそれをお聴きしていたからです。

　ガラス屋だった父親が残したガラスを引き取ってほしい。Ｍさんから回収依頼をいただいたのは、昨年でした。ご自宅で使っていた型板ガラスではなく、ガラス屋さんの在庫、しかも生産終了したあとも大事にとっておいた型板ガラスです。私たちには夢のようなご依頼でした。今の活動をはじめてから何十軒とガラス屋さんを訪ねましたが、在庫はおろかサンプルさえ残されていなかったからです。

　現地に着いてまず圧倒されたのは、想像以上の「量」でした。見たことのない型板ガラス、お父さまが二次加工して作られたというオリジナルの模様入りガラスや手作りのショーケース、ガラスを加工するためのめずらしい工具もありました。何よりＭさんの「できるだけ残したい」という思いが痛いほど伝わってきて胸が熱くなりました。

　お手紙にあるエピソードにも、お父さまの愛情がにじんでいます。『さあ、塗るぞ』とふたりの娘に色マジックを渡す。渡された女の子たちのキョトンとした顔がぱっと輝くのが目に浮かぶようです。自分が一生を捧げたガラスというものに、楽しい想い出とともに

愛着を感じてほしかったのかもしれません。そこには自分が亡きあと、残された型板ガラスの保存と活用を託したい思いもあったのではないでしょうか。そしてそれをＭさんは立派にやりとげたのです。

「もう作ってないんだぞ。貴重なんだぞ」

　昭和型板ガラスを残したい。その思いだけではじめた私たちの活動ですが、たくさんの出会いに支えられてきました。そのなかにＭさんのお父さまと同じことを言った方がいました。型板ガラスの組合を退職された男性で、貴重なサンプルを残してくれた私たちの恩人です。退職時、後任職員にこう指示をしたそうです。

「いつかこのサンプルを必要とする人が必ず訪ねてくる。だから捨てずに取っておきなさい」と。

Episode 17

ネーム刺繍の職人

愛知県・Yさん

　昭和51年にリフォームした実家には、たくさんの昭和型板ガラスが使われていました。ネーム刺繍の職人だった父が踏むミシンの音の響きが、今でも耳に残っています。

　歩くだけでも振動でガラスが揺れたり、怒って思いっきり戸を閉めると割れそうになって叱られたり。型板ガラスは薄くて隙間があって冬は寒かったけれど、そこにはあたたかい想い出がたくさんあります。

　ガラス越しに見える働く父母の姿が今でもよみがえってきます。

　小さい頃は『よぞら』のガラスに紙を当てて鉛筆でこすって柄を写して遊んだりと、ほっこりする懐かしい昭和の想い出が次々とよみがえります。

From pieni

Ｙさんのお父さまがされていたという「ネーム刺繍の職人」とは、どういう仕事なのか。体操服や作業服などに名前を刺繍する仕事だろうとは思いつつ、実際の作業を見てみたい。私たちはYouTubeで文字刺繍職人の作業動画を見ました。

高速で動く刺繍ミシンの針先からひと文字ずつ美しい文字が生まれてくる。習字の「とめ、はね、はらい」を作るのは職人さんの指先の感覚ひとつで、運針を微調整しながら導いていきます。動画のタイトルにつけられた「職人の技」「神業」は、決して誇張ではありませんでした。そしてＹさんのお父さまもまた、ネーム刺繍という仕事に生涯を捧げた職人気質の方だったようです。

じつはＹさんとは、ガラス回収の依頼をいただいたご縁でつながりました。お父さま亡きあとご実家の売却が決まり、解体まであと数日というぎりぎりの"とき"でした。私たちがうかがった日は荷物もあらかた運び出されたあとで、がらーんとしたご実家のお父さまがミシンを踏まれていた作業場でＹさんのお話を聴きました。

ミシンを踏むお父さまの隣で、お母さまも別の作業をされていたとのこと。おふたりが並んで仕事をするすぐ後ろに型板ガラスの引き戸があり、そこからご両親の姿を見ていた子ども時代のＹさんの姿を想像しました。

作業場から少し離れたコンクリートの土間に、小さな腰掛椅子がポツンと残されていました。花柄で三本脚の昭和レトロな腰掛椅子です。ここでお客さまの応対をされていたのかもしれません。

ところで、Ｙさんからのご依頼はもうひとつありました。それは、店の出入り口だった屋号が入ったガラスの引き戸について。その屋号の部分をお父さまの納骨堂に入れたいのでカットしてもらえないだろうか、というものでした。お父さまへの深い思いに胸が熱くなりました。正直、入りきるだろうかという不安はありましたが、ガラスを回収（レスキュー）したあと、屋号が書かれたガラスをその場でカットさせていただきました。すると後日、納骨堂にぴったり収まったと喜びのご報告をいただき、ほっと胸をなで下ろしました。

数日後、たまたま別の用事でＹさんのご実家の前を通ると、まっさらな更地になっていました。すべての"とき"は天国のお父さまの計らいだったのかもしれません。

Yさんがご友人の新築祝いにと購入してくださった『石目』の時計（H17.2 × W17.2cm）。極力シンプルに、模様そのものを楽しんでいただきたいと、4mm厚のガラスを12角形にカットし、12か所の角が数字の代わりに"時間"を示すデザインに。

Episode 18

夏とみどり

大阪府・Sさん

　祖母の家から海が近く、歩いて5分ほどで海水浴ができました。夏休み、帰省した従妹たちと水着に着替えて海へ行き、びしょびしょのまま祖母の家に帰り、お風呂場に直行していました。海での楽しかったことや、びっくりしたことなど、海水の塩を洗い流しながらわいわいおしゃべり。

　そのときのお風呂場の引き戸の硝子が『みどり』でした。

　お風呂からあがると、縁側でスイカやかき氷を食べました。ここでもまたわいわいおしゃべり。笑いすぎて縁側にこぼしてしまい親に怒られたり。そのときの縁側のサッシのガラスも『みどり』でした。

　従妹たちとは、大人になってからはそれぞれの生活があり、なかなか会えなくなりました。それでもときどき、祖母の家のお風呂場や縁側と、そこにあった『みどり』の模様、そして楽しかった時間を思い出すことがあります。本当になんということもない、ただただ楽しいことしかなかった子どもの頃の夏の想い出です。

From pieni

「なんということのない、ただただ楽しいことしかなかった子どもの頃の夏の思い出です」

この言葉になんとも言えない懐かしさと満ち足りた感覚を覚えるのは、私たちだけでしょうか。言葉にすると、それは「子どもというしあわせな時間」への振り返りなのだと思います。

子どもという時間。習いごとや塾の夏期講習で忙しい今の子どもと違い、昭和の子どもの夏休みは「とにかくヒマ」で時間だけがありました。ラジオ体操と宿題、それ以外は「遊ぶ」だけ。そこで登場するのがやっぱり「おばあちゃんち」なのです。おじいちゃんがいても「おばあちゃんち」なのは、やはり「おいしいもの」の記憶とひもづいているからかもしれません。

その「おばあちゃんち」が海のすぐ近くにある。そこへ帰省で従妹たちもやってくる。子どもにとってこれほど恵まれた夏休みはありません。

おばあちゃんちで水着に着替えてからみんなで海に行く。びしょびしょのまま帰ってきてみんなでお風呂場へ直行する。心地よく疲れてお昼寝したあとは、縁側で冷えたスイカやかき氷を食べながらまた笑い転げる。そしてそこにはいつも『みどり』という素朴でひかえめな、葉っぱ模様の型板ガラスがあったというのです。

従妹たちとみんなで入れる広いお風呂場も、スイカの種を飛ばせる縁側も、日本の家屋からほぼ消えました。それでも、人がいて自然があれば「ただただ楽しいだけの時間」は生まれる。それは昔も今も、大人にとっても子どもにとっても変わらないのだと思います。

人は子ども時代のしあわせな想い出を作るために生まれてくる、という言葉を何かで読んだことがあります。子ども時代のしあわせな想い出が、その後の長い人生を支えてくれるというのです。Sさんからいただいたお手紙は、私たちにその言葉を思い出させてくれました。

53

Episode 19

縁側で日向ぼっこ

岐阜県・Fさん

　昔、ガラス戸のある縁側で、曾祖母がよく日向ぼっこしていたのを思い出します。晩年の曾祖母はものを忘れることが多くなり、そのうち孫やひ孫の名前もほとんど忘れてしまいました。

　あるとき、曾祖母が縁側で日向ぼっこをしながら、ゆっくりとした調子で、パン、パンと手拍子をしているのを見ました。それを見て祖母が「昔の歌でも思い出しとんさるんやろか」と言っていました。
　今では祖母も曾祖母もいませんが、その縁側を見ると懐かしく思い出します。

From pieni

　縁側というと「サザエさん」を思い浮かべる日本人は多いのではないでしょうか。

　かつて縁側という「特別な場所」は日本家屋の多くに見られました。「縁側」は部屋と屋外との間にある板張りの通路のようなスペースで、日本家屋の独特な構造です。日向ぼっこをしたり、庭を見ながらお茶を楽しんだり、家族や近所の人と世間話をしたり。日本では古くから団らんや憩いの場として親しまれてきました。家の内と外をつなぐ、特別な場所が「縁側」でした。

　その縁側に座って日向ぼっこをしていた「ひいおばあちゃん」の姿。小さくてまあるいシルエットが目に浮かび微笑ましくなります。子ども、孫、ひ孫に囲まれておだやかな余生を過ごす。家族みんなに見守られて感謝しながら旅立つ。それは少し前まで「ふつう」のことでした。

　私たちの縁側にもいつも「おばあちゃん」がいました。畑からとってきた野菜をひもで吊るしたり、ザルいっぱいに広げた豆を干したり、梅酒用の梅のヘタを楊枝で取り除いたり。田舎のおばあちゃんは働き者でいつでも忙しい。それでも友だちと庭で遊んでいると、ふかしたサツマイモや茹でたトウモロコシを皿いっぱいに盛ってきてくれました。今思うと、縁側にはおばあちゃんの知恵とやさしさがあふれていました。

　そんなおばあちゃんが、いつしかもの忘れをするようになり、だんだん孫やひ孫の名前さえも忘れていく。その寂しさを感じつつ「自然なこと」として静かに受け入れていく。その時間を共有できるのも家族という存在のありがたさなのだと思います。

　昼下がり。縁側で日向ぼっこしていた「ひいおばあちゃん」が突然、手拍子を打ちはじめる。ゆっくりとした調子で、パン、パンと。驚いて見ているFさんにかけられた「昔の歌でも思いだしとんさるんやろか」という言葉にもおばあちゃんの知恵とやさしさを感じます。

　そのおばあちゃんもまた、ひいおばあちゃん亡きあと、縁側で日向ぼっこしながら家族に見守られて安らかに旅立たれたのでしょう。

　今もある縁側を見るたびにその姿を懐かしく思い出すというFさん。その縁側には、やわらかな光を受けた型板ガラスがきっとあるのでしょう。

Episode 20

退屈な時間

群馬県・Kさん

　私は今、60歳になりました。昭和40年に建てた実家に引っ越したときは4歳でした。幼い頃から病気がちだった私は、天井や柱、引き戸などを眺めて過ごすことが多くありました。

　元気になることを願いながら床についているだけの生活は、つまらないものです。そんなとき、何かの形に見えるおもしろい木目や繊細なガラスの模様を眺めていると、退屈な時間が少しまぎれていくようでした。

　年末には、忙しかった両親に代わって子どもたちだけで大掃除をしました。家中のガラスを磨くのですが、好きだった模様のついた型板ガラスは模様の溝にほこりが詰まって思うようにきれいにならず、苦戦した想い出があります。

　やがて実家はリフォームにともない多くの窓が透明なガラスが入ったサッシに変わり、型板ガラスは部屋を仕切る6枚の引き戸に残るのみとなりました。

　昨年、大好きだった母が95歳で亡くなり、老朽化した家は取り壊すことになりました。想い出深いガラスを処分してしまうのはもったいなくて、調べていたところ素敵なお皿に出会うことができました。「この柄うちにもあったな」と、忘れていた柄を懐かしく思い出したり、知らなかった素敵な模様のガラスに見入ったりしてしまいました。引き戸ごと自宅に保管することも考えていたのですが、お皿が手元に届いたら未練なく引き取り先を探せそうです。

　おばあちゃんの家の想い出の品として、娘もお皿を大切にしてくれると思います。

From pieni

　昭和40年築の、半世紀を超えてご家族に愛されてきたおうち。大好きなお母さまとのお別れ。家族の想い出が詰まったご実家の取り壊し。私たちがKさんのお手紙に感じたのは時間の重み、そして想い出の厚みでした。その想い出の中心にあったのが、さまざまな柄の昭和型板ガラスたちでした。

　子ども時代の想い出は、楽しいことばかりではありません。そのひとつが「病気」そして「退屈」です。風邪が治るまでの布団の中でじっと過ごす時間。眠たくないのに寝ないといけない時間。遊ぶために生きているような子どもにとって、退屈な時間はとてもとても長い。病気がちだった子ども時代のKさんにとっては、その「退屈」が日常だったのでしょう。

　でも、子どもは楽しいこと、おもしろいものを見つける天才です。「何かの形に見える木目」や「繊細なガラスの模様」。そこから想像をふくらませていくらでも遊びの世界へ入っていける。もちろん、子どもの頃の私たちもやりました。ほの暗い寝室のガラスの模様の中に人の顔を探したり、行き交う道路と道路に区画された大地をイメージした『ハイウェイ』の渦巻き模様の中にパターンを見つけて喜んだり。

　Kさんが布団の中から眺めていたガラスの模様。年末の大掃除、ほこりが取れず苦戦した「好きだった模様」のガラス。どちらもガラスの名前は書かれていませんが、昭和40年といえば『型模様戦争』といわれた型板ガラスの全盛期。いろいろな模様の型板ガラスに囲まれたおうちだったのではないかと思います。

　リフォームのときも残された「部屋を仕切る6枚の引き戸」。お母さまが亡くなり家を取り壊す際も「引き戸ごと自宅に保管することも考えていた」という言葉にご家族への愛情の深さと想い出の豊かさが感じられました。「お皿が手元に届いたら未練なく引き取り先を探せそうです」

　ご縁で私たちを見つけてくださり、いくつかの模様のお皿を求めていただきました。6枚の引き戸たちも、大事に活用してくださる方のもとへ渡ったのではないかと思います。

　「おばあちゃんの家の思い出の品として、娘も大切にしてくれると思います」

　最後の言葉に、Kさんが大好きだったお母さまのやさしい笑顔が見えた気がしました。

Kさんが購入してくだっさった『さらさ』(左)、『さくら』(右上)、『ハイウェイ』(右下)の角皿(W7.5×D7.5cm)。タイプの違う3種の模様の組み合わせから、Kさんのご実家にはきっといろいろな模様があったのだろうな、と想像がふくらみました。

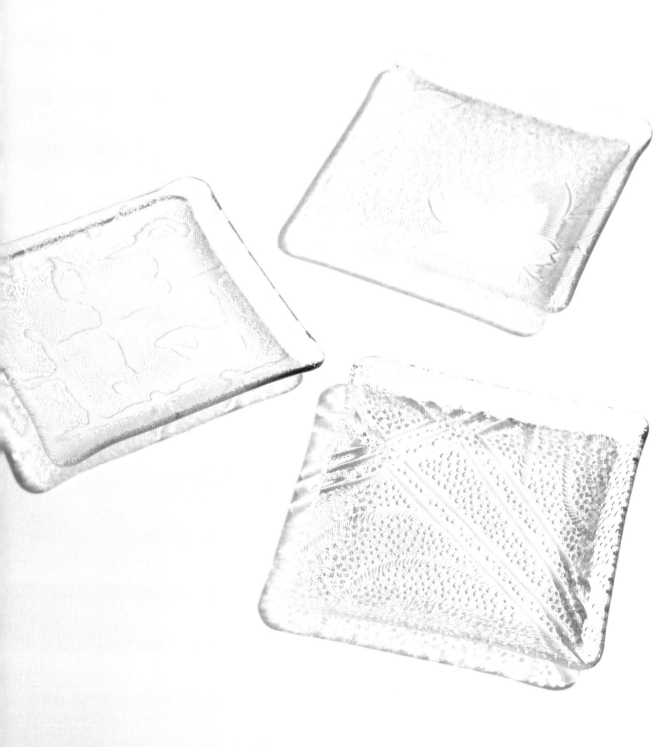

Episode 21

からたちの窓

愛知県・Mさん

　幼い頃、夜中の手洗いはなんだか怖かった。少し見上げたところに小さな窓がありました。そこに嵌められていたのが『からたち』のガラスでした。

　薄暗い空間にいると、その窓ばかり気になり、目線がいきます。じーっと見ていると、模様が人の頭に見えてくる。それもたくさん。窓の向こう側から何かが入ってくる感じがして怖い思いをしていました。

　今もその『からたち』の窓は現役で働いています。

From pieni

夜中の手洗いの怖さ。

短い手紙の中に、昭和の間に起きた日本人の変化が凝縮されているように感じました。あの頃の家にあって今はなくなったもののひとつに「暗さ」があります。

暗さ＝怖さ。夜中の手洗いはそれをあらわしているように思うのです。ちなみに「手洗い」とは「トイレ」の婉曲的な表現です。

怖さ、つまり「おそれ」にはいくつかの漢字があてられその意味合いは違うそうです。「恐れ」または「怖れ」は、得体の知れないものへの恐怖や心配。もうひとつの「畏れ」は神や圧倒的な自然、神秘的な現象などに対する、かしこまって敬う感情のことです。昭和期に建てられた、とくに田舎の家にはどちらの「おそれ」もありました。

Mさんの思い出は、田舎育ちの私（晋吾）の原体験とも重なります。街灯もない田舎の夜は真っ暗で、外にあるトイレは「肝試し」のように怖かった。テレビで怖い映画を観た夜は、必ず兄や家族についてきてもらいました。

トイレだけではありません。天井の木目、壁のシミ、ほの暗い仏壇、先祖たちの遺影、納戸のカビ臭さ、床下の冷気、そして真っ黒な口を開けた井戸。子どもにとって家はあたたかく安全な場である反面、何かが潜んでいそうな緊張感をはらんだ場所でもあったのです。そしてそれは子どもが持つ豊かで自由な想像力と無縁ではないのでしょう。

Mさんの「夜中の手洗いの怖さ」も『からたち』のガラスの模様によってふくらんでいく恐怖でした。ミカン科のからたちの枝とトゲの模様のガラスですが、じーっと見ているうちにそれが"人の頭"に見えてくる。窓の向こう側から「何かが入ってくる感じ」がして恐怖する。大人が聴けば笑い話でも、子どもにとってそれは本当に体験したことなのです。

現代の住宅には、そうした「暗さ」や「怖さ」がなくなりました。トイレ、クローゼット、天井や壁の白いクロス、家中が清潔で明るく機能的になりました。でもその分、失われたものがあることを私たちはどこかで感じています。

昭和を代表する作家として家族を描き続けた向田邦子さんは、子どもの頃の想い出を綴ったエッセイの中でそれを「含羞」と表現しています。いわく、汲み取り式から水洗式トイレになり、臭いの消滅とともに「含羞」という言葉が消えたのではないかと。

時代の変化とともに失われてしまった大事な「もの」や「こと」。一枚の型板ガラスがそれを思い出すきっかけになってくれたのなら、これほどうれしいことはありません。

Episode 22

ときわ　金木犀の影

岐阜県・Sさん

　半世紀近くも前になりますが、祖父母の家の想い出の窓ガラスが『ときわ』の型板ガラスでした。当時、私は祖父母の家に同居していました。その家の一番奥の廊下の両端に嵌め殺しの窓があり、そこに『ときわ』の型板ガラスが使われていました。

　どちらの窓にも庭にある大きな金木犀の影が映っており、常緑樹なので『ときわ』はいつもは緑色でした。それが10月にはつかの間、金木犀の花の橙色に染まります。

　晴れの日、曇りの日、雨降る日、雪積もる日。時刻によって少しずつ映る影の色合いも変化する、静かなその廊下で過ごすのが私は好きでした。

　廊下の床は昔のきれいに磨かれた木の床で、窓の影が映る時刻もありました。

　窓ガラスのほかにも、祖父母の家には『モール』『きく』『もみじ』など、昭和の型板ガラスが使われた小家具もあり、どれもとても好きでした。

　祖父母も、その家も、庭もすでに存在しませんが、記憶の中にはつねに存在し続けています。

　大人になってから古道具市で『ときわ』の型板ガラスの窓枠を見つけ、懐かしくて思わず購入して部屋に飾っています。見るたびに、あの廊下と、緑に染まった「ときわの窓」、床に映る金木犀の影を思い出します。

From pieni

　長い廊下、磨かれた木の床、嵌め殺しの窓、『ときわ』の型板ガラス、そしてそこに映る庭の金木犀の緑と影。ひとつひとつがまるで呼吸をしているように感じられる美しいお手紙でした。

　昭和の時代に映画や文学で描かれた山の手の家庭とは、こういうお家だったのではないかと想像しました。すべてが調和するように計算された、ずいぶんとお祖父さまが趣向をこらして造られたお宅だったのではないでしょうか。

　嵌め殺しの窓は、文字通り壁に直接はめ込まれた窓のことです。おもに採光のための窓なので、開けたり閉めたりはできません。それだけにときに一枚の絵画のような存在感を放つこともあります。

　Ｓさんの「ときわの窓」も、光と影、風、金木犀の緑といった自然とガラスとが織りなす一枚の美しい絵画のようだったのではないでしょうか。

　「ときわ」は、漢字にすると「常磐」「常盤」あるいは「常葉」となり、いずれも一年中葉を茂らせている常緑樹をあらわす言葉です。型板ガラスの『ときわ』も常緑樹をイメージした葉っぱが一面に広がるデザインですが、ひとつの柄がかなり大きいので、Ｓさんの「ときわの窓」もそこそこ大きさのある窓だったはずです。

　その嵌め殺しの窓に庭の金木犀の緑色がつねに映っている、まさしく常緑を意味する『ときわ』の完成です。そして10月にはつかの間、金木犀が花をつけ、あの橙色へと絵画は掛け替えられるのです。

　「磨かれた木の床」も絵画の美しさに花を添える役割を果たし、時分どきになると、ときおり窓の影を映してくれます。『ときわ』のガラスに映る金木犀のその影も、季節や日々の天候によって色合いを変えてゆくのです。

　それらのすべてが調和した美しいその空間を「静かなその廊下」と呼んで愛したＳさんの想い出に、私たちはただため息をもらすしかありませんでした。

Ｓさんが購入してくださった『もみじ』（上）と『ときわ』（下）の角皿（W7.5 × D7.5cm）。『ときわ』はおそらくヤツデをモチーフにした模様で、『もみじ』と並べるとそれぞれの葉の実際のサイズ感も意識して模様がデザインされていたとわかります。

Episode 23

父の姿

広島県・Mさん

　祖父母宅は今週、最後の撤去が終わり、本当に何もなくなってしまいました。父の生家だったのですが、おそらく祖父もその前の代もそこで生まれ育ったはず。私たち家族も祖父母と一緒に数か月住んだ家でした。

　『銀河』は台所で、『いしがき』は山からの水が溜まる水槽がある場所で使われていました。子ども心に「ここの窓はかわいいなあ」と思っていた記憶があります。

　父は解体工事の間、毎日様子を見に行って写真を送ってきてくれました。15年前に祖父母が亡くなり、今回家もなくなり、本当だったら何もなくなってしまっていたところでしたが、お皿として形に残すことができました。実家から遠く離れた土地でも持つことができて本当にありがたく思っています。

　滋賀の実家では、お供えものを乗せるお皿として使おうとしているようです。祖父母にも報告ができるかな、と思っています。

From pieni

「父は解体工事の間、毎日様子を見に行って写真を送ってきてくれました」

そこに立って見ているお父さまの姿と思いまでが伝わってくるようで、胸が詰まりました。工務店の時代から、解体現場はいくつも見てきました。でも、解体されていく我が家を最後まで見守る家主さんを私たちは知りません。

台所が、お風呂場が、玄関が、そして先祖がまつられていた仏間が、重機によってバリバリと解体されていく。それを作業の邪魔にならない場所からじっと見守る。写真に収めずにはいられない思い。それを毎日家族に送ることで、何かの区切りをつけておられたのかもしれません。

Mさんから型板ガラスの回収のご相談を受けたのは、解体工事がはじまる直前でした。メールには型板ガラスがある台所や室内の写真も添付されていました。滋賀県の山間部にある古くて大きなその家は、代々受け継がれてきたお父さまの生家であり、Mさんご家族もしばらく暮らした家でした。いくつかの戦争、自然災害、産業構造の変化、大きな経済ショック、どのときも家族が力を合わせて耐え抜いてきた。そのご家族の「気」のようなものが柱にも、壁にも、天井にも染み込んでいるように感じられました。

回収させていただいたガラスは『銀河』と『いしがき』。『銀河』は台所、『いしがき』は山からの水を溜める水槽のある場所で、窓に使われていました。家の中に山水を引くことに驚く方もいますが、山間部ではよくあります。公共の水道が引かれるまでは必須でしたし、現在でも沢からの水は豊かな山の恵みなのです。『いしがき』は文字とおり城を支える石垣をイメージした柄。それが山間部の生活を支える「山水の水槽」の場所で使われていたことに、偶然以上の意味を感じました。

回収した型板ガラスを使って作らせていただいたのは『銀河』の小皿4枚と『いしがき』の長皿4枚。これを滋賀のご実家、Mさん、そしてMさんの妹さんのお宅と3か所にお送りしました。離れて暮らしている父母と妹。それでも家族の想い出のガラスで作った同じお皿を持つことができた。そのことを心から喜んでくださるMさんのお気持ちと、お手紙の最後の一文に私たちは涙しそうになりました。

「滋賀の実家ではお供えものを乗せるお皿として使おうとしているようです。祖父母にも報告ができるかな、と思っています」

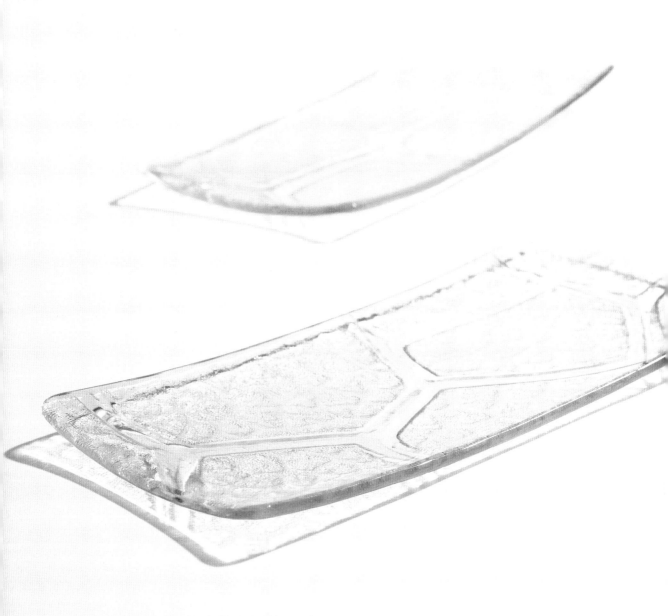

Episode 24

今は亡き母との想い出

山口県・Nさん

　母が亡くなり遺品整理をする際、古い食器棚を処分しました。私が小さいときからあったその食器棚はかなり古く、母が自分で手直ししながら使っていました。

　かなり貧乏な暮らしで買い換える余裕もなかったので、大切に使っていました。その扉のガラスが『よぞら』で、ガラスにはヒビが入っていて、母はヒビにテープを貼り、補修して使っていました。

　今でも『よぞら』の模様のガラスを見ると懐かしく、母との思い出がふっとよみがえります。今ではあまり見なくなったガラスですが、昔はどの家にも使われていました。

　あの食器棚、処分しなければよかったなと今でも後悔しています。

From pieni

「あの食器棚、処分しなければよかったなと今でも後悔しています」

お手紙の最後の一文は、私たちにとって胸にくる言葉でした。

お母さまがご自分で手直しされながら、大切に使われていた古い食器棚。ご家族にとってそれは「形見」に等しいものでしょう。それを「捨てなければよかった」と後悔する。捨ててしまったものは取り戻せない。そのつらさをいつも考えます。

食器棚ごと残すことは無理でも、その一部を何かの形に作り替えて手元に残すことはできます。私たちもそのお手伝いをしていますし、ご自身で木枠からガラスを外すこともじつはそれほど難しくありません（pieni のYouTube チャンネルにガラスを外す作業動画を上げています）。そうした情報がもっと広く届いていたら……と、Ｎさんの手紙を読みながらふたりで話しました。

「食器棚」は時代を映す家具です。日本の食器棚の原型は茶器などを収納する「茶だんす」や食器類を収納する「水屋たんす」。型板ガラスが使われていたのも、そしてＮさんのお母さまの食器棚もこのタイプだったのではないかと思います。

「食器棚」はまた家族も映します。3世代の大家族なら食器棚も大きく、引っ越しを繰り返す転勤族なら家族の人数分が入る小さめの食器棚、単身赴任やシングル世帯はさらに小さくと、家族構成に合わせて必要とされる容量が変わります。「食」という家族の団らんともつながっている。そのぶん「思い」が詰まった家具なのでしょう。

Ｎさんのお母さまの食器棚の扉には、『よぞら』があったといいます。『よぞら』はその名のとおり夜空の星のまたたきをイメージした模様で、『銀河』と並んで人気を博した型板ガラスです。その『よぞら』にヒビが入っても、テープを貼って使っていた。使えるうちは自分で手直ししながら大切に使う、大量消費社会といわれた中でも日本人の気質はさほど変わっていなかったのかもしれません。

今でも『よぞら』の模様のガラスを見ると懐かしく、母との想い出がふっとよみがえるというＮさん。お母さまがテープを貼って大事にされていた『よぞら』はもうありませんが、Ｎさんが今回購入されて懐かしく見ているその『よぞら』も、どこかのご家族に愛されてきた『よぞら』であることはたしかなのです。

Nさんが購入してくださった『よぞら』の豆皿（W6
×D6cm）。豆皿はお皿の中で一番小さい作品です。
置き場所に困らず、でも大切な想い出をぎゅっと凝
縮して持ち続けられるアイテムでもあります。

Part 2

昭和型板ガラスのこと

吉田晋吾

pieni の吉田晋吾です。この章では「昭和型板ガラスが作品として生まれ変わるまでの物語」を僕の視点で語っていきます。その前に「昭和型板ガラス」の歴史からお話ししてみます。

日本の板ガラス工業の歴史は、1907（明治40）年の旭硝子の設立にはじまります。当時は近代的な建築に不可欠な材料として、輸入に頼っていた板ガラスの国産化が急務とされていました。

1918（大正7）年には日米板硝子（現在の日本板硝子）が設立され、1920（大正9）年には、同社が板ガラスの日本初となる連続機械生産に成功します。

そして量産化により価格が安くなったことで、一般住宅にも板ガラスが広まります。洋風住宅や洋室にとどまらず、日本家屋でも縁側の引き違い戸（ガラス障子）や建具など、それまでの紙に代わり、採光ができ、気密性が高まり、防水機能ももつ建材として板ガラスが使われるように。関東大震災からの復興や貸家建築の増加もその流れを押し進めました。

ただ、この頃はまだ型板ガラスのような目隠し効果のある装飾ガラスを量産できる製造法は導入されておらず、透明ガラスを二次加工したすりガラスや結霜ガラス（P.90参照）、量産できない数種類の型板ガラスなど、高価なものしかありませんでした。

そうしたなか、1932（昭和7）年に日本板硝子が既存の技術を応用して型板ガラス（『モール』のみ）の製造を開始。1935（昭和10）年には旭硝子がその後型板ガラス製造の主流となる「ロールアウト法」による型板ガラスの製造を開始し、型板ガラスの量産が可能になります。「ロールアウト法」は、アメリカのフォード自動車会社などが自動車用のガラス製造用に開発した技術で、溶解したガラス素地を2本の水冷ロールではさんで伸ばす方法です。下側に型が彫刻されたロールを使用することで、型板ガラスを製造することができるのです。

量産化により安くなったことで、型板ガラスは一般家庭にも広く普及しました。しかし、1937（昭和12）年の日華事変勃発以降、第二次世界大戦が終わる1945（昭和20）年まで、戦時体制の影響で板ガラス工業は停滞を余儀なくされます。

それが戦後、復興とともに建築用板ガラスの需要は急拡大。1955（昭和30）年頃からの高度経済成長期に突入すると、日本中で団地やマイホームが建設ラッシュとなり、同時期にアルミサッシも普及しはじめたことで、型板ガラスの需要も急増。1959（昭和34）年にはセントラル硝子が設立され、現在まで続く三大板ガラスメーカーが出そろいます。

そして、1960年代。メーカーが競って型板ガラスの新柄を発売し、熾烈な販売競争をくり広げる「型模様戦争」と呼ばれる状況に。しかし新柄が乱発され、すぐに廃盤になるサイクルは、メーカーはもちろん、多数の在庫を抱えなければならない販売店や割ったときに同じ模様を使えないユーザーなど、誰にとっても無理のあるものだったようです。窓ガラスにカーテンをつけて目隠しをする住宅が増えたこともあり、狂乱の時代は1975（昭和50）年頃までには終わりを告げます。この頃までに作られていた型板ガラスが、「昭和型板ガラス」です。

今、型板ガラスの現行品は『梨地』と『霞』の2柄のみで、『梨地』も生産を終了する方向にあると聞いています。「昭和型板ガラス」は、ガラスメーカー3社に問い合わせても、「街のガラス屋さん」に相談しても、在庫はもちろん、サンプルや製品カタログなどの資料も「残っていない」という回答がほとんどでした。つまり、私たちのように個人で保管しているものや、古い住宅や店舗などに収まっている"現役"しか残っていないことになります。

回収から洗浄まで

吉田晋吾

　物語の出発点は、現存するガラスの「回収」です。僕らの間では「救出」とも呼んでいます。古家を建て替える、リフォームで取り外す、土地売却のために古家を解体する。いずれも何も言わなければ建築業者や解体業者が持ち帰り、事業系廃棄物として捨てられてしまいます。もちろん建築屋だった頃の僕も、何の疑問もなく捨てていました。

　ガラスを回収してほしいと依頼してくるのは施主、多くは古家の所有者です。しかも解体まで数日しかないタイミングで僕らにつながってくださるケースが多い。時間との戦いです。現地へ行ってお話をうかがってみると、子ども時代を過ごした家への愛着、家族との想い出がしみついた家を取り壊すことへの寂しさ、その一部でも残したい、新しい形になって誰かに使ってもらえたらうれしいという想いがじかに伝わってきます。

　ところでプロローグで、当初の僕がまるでやる気がなかったように語られていますが、事実は少し違います。僕にはひそかにしあわせを感じる作業がありました。それが回収してきたガラスの洗浄です。

　解体現場で外されて回収したガラスは、もうほんとうに汚れています。なかには煙草のヤニとか、セロハンテープの跡だらけのものも。和菓子屋さんだった古家から回収したガラスは、薪を炊いたのか真っ黒でした。それを建具から慎重に外して、汚れの種類に合わせた洗浄方法で、何度も何度も洗い流します。これが言葉で言いあらわせないほど気持ちのいい作業で、一番しあわせを感じる時間なのです。

　洗い上がったぴかぴかのガラスを見ると、生まれ変わったというか、元の姿に戻してあげたような気持ちがしてとてもうれしい。妻の表情からも、どきどきしているのがわかります。そんなときの彼女は、元の姿に戻ったガラスたちをどんな作品にしてあげようかと、考えているようです。

①救出先のお宅に到着。この日のお宅は、古い家屋の改修をひかえていて、到着時、すでに家具などはすべて運び出されていました。

②さっそく取り外し作業開始。写真の引き戸のように枠が簡単に外れるタイプは、現場で慎重に枠を外し、ガラスだけを取り出します。

③内枠つきのガラスが外枠にはめ込まれているタイプの引き戸の場合は、内枠を取り外してそのまま持ち帰るケースもあります。

④取り外したガラスを集めたら、ざっと拭き掃除をします。それぞれの状態や模様も確認。

⑤車に積み込んだら、回収作業は完了。これを持ち帰ったら、いよいよ洗浄作業です。

⑥汚れの種類に合わせた方法で、ぴかぴかになるまで洗浄。しあわせを感じる時間です。

昭和型板ガラス図鑑

私たちがこれまでに集めた昭和型板ガラス60種類を紹介します。厚さには製品により2mm、4mm、6mmなどのバリエーションがあります。

[データの見方]
・模様ごとに「名称／製造会社／発売年／コメント」を記載しています（一部判明していない情報もあります）。
・名称の表記は、発売当時の商品名にもとづいています。
・各模様のサイズ感は、写真内に表示した縮尺を参考にしてください。縮尺の表示単位は cm です。
・製造会社名は製造当時のもので、「旭硝子」が旭硝子株式会社（現在の AGC 株式会社）、「セントラル硝子」がセントラル硝子株式会社、「日本板硝子」が日本板硝子株式会社です。
・型板ガラスの模様の種類は正確な数が把握できないため、ここでは pieni で在庫している模様を掲載しています。
・ガラスの写真は型つきの面から撮影しています。

1 ｜ モール

製造会社：日本板硝子
発売年：1932 年
日本の型板ガラス製造の最初期からあるしま模様。しまの太さには 8 分（＝ 1 インチ／約 24mm）や 4 分（＝ 2 分の 1 インチ／約 12mm）がありました。写真は 4 分。

2 ｜ 銀モール

製造会社：旭硝子／日本板硝子
発売年：1952 年（旭硝子）／ 1953 年（日本板硝子）
「モール」の地に梨地のような模様を入れたしま模様。戦後間もない時期に戦前のデザインを活かして作られたそう。型板ガラスの需要が拡大するなか、建築や家具に多用された模様のひとつ。

3 ｜ 梨地

製造会社：日本板硝子／セントラル硝子／旭硝子
発売年：1952 年（日本板硝子）／ 1964 年（セントラル硝子）
細かな凹凸で梨の表面のようなざらざらした質感を出した模様。定番模様として 3 メーカーとも製造していて、現在では 2 種類のみとなった現行品のひとつにもなっています。

4 ｜ ヒシクロス

製造会社：旭硝子
発売年：1961 年
格子模様に見える模様は、同じ幅のモールをガラスの片面に縦、もう片面には横に入れることで作られています。両面型押しなので、ヒット作だったものの切断が難しかったのだとか。

5 ｜ ミストライト

製造会社：日本板硝子
発売年：1965 年
細かな格子模様の入ったチェッカーガラス。マス目の内側が平らではなく中心を頂点とするピラミッドのようになっているため、光を通しつつ複雑な分散を生み、高い目隠し効果も発揮します。

4

5

6 | いわも

製造会社：日本板硝子
発売年：1964 年
そんな言葉はありませんが、「水面」ならぬ「岩面」でしょうか。
石畳や角ばった氷の表面のようにも見える模様。岩をモチーフに
したモダンなデザインです。

7 | いしがき

製造会社：セントラル硝子
発売年：1964 年
こちらはそのものズバリ、石垣をモチーフにした模様。区画され
たひとつひとつの石の内側にも、石目系の模様が入っています。
「いわも」と比べると、こちらはぐっと和風なイメージ。

8 | ダイヤ

製造会社：日本板硝子
発売年：1952 年
カッティングを施したダイヤモンドで表面を埋め尽くしたよう
な、シンプルだけれどきらびやかな模様。旭硝子からも少し小柄
の「ダイヤ」という型板ガラスが出ていたそうです。

9 | 石目

製造会社：日本板硝子
発売年：1956 年
石を並べたような模様ですが、よく見ると表面には引っかいたよ
うな筋も。旭硝子にも同名の模様があり、セントラル硝子にも
「ロックラル」（1964 年）という名前で同系の模様がありました。

10 | きらら

製造会社：日本板硝子
発売年：1963 年
旭硝子の大ヒット作「このは」（P.82）に対抗して発売されたデ
ザインで、モチーフは雲母。「このは」と同様、細かなハッチン
グ（線彫り）により光が複雑に変化し、独特な表情になります。

11 | ソフトペーン

製造会社：日本板硝子
発売年：1961 年
「石目」の地を梨地にし、凹凸をソフトにしたような模様。定番
のひとつで、旭硝子には「ラフライト」、セントラル硝子には「ソ
フトラル」（1964 年）という同系の模様がありました。

12 | 銀河

製造会社：旭硝子／日本板硝子
発売年：1967 年
かわいらしさゆえか、想い出レターでもとくに登場頻度の高い人
気の柄。梨地系の地に、キラキラときらめく星々がちりばめられ
ています。旭硝子と日本板硝子に同名の模様がありました。

13 | よぞら

製造会社：旭硝子／日本板硝子／セントラル硝子
発売年：1973 年
「銀河」に続く"宇宙系"模様として、旭硝子とセントラル硝子
が発売。セントラル硝子にも同名の模様があったそう。ぴかーっ
と大きな星のまたたきを表現した型板ガラス後期のヒット作。

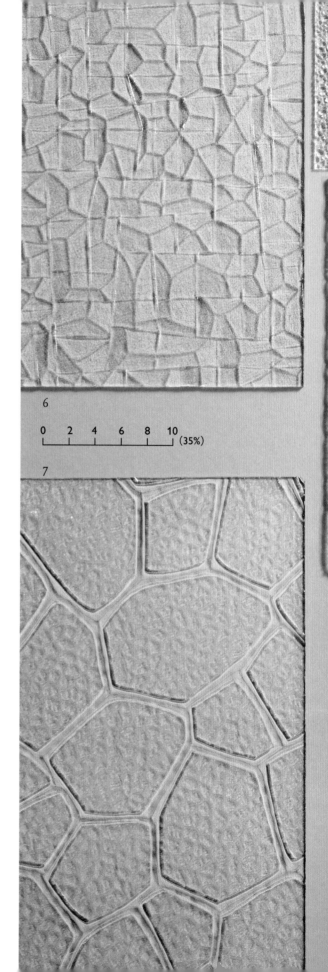

6

```
0   2   4   6   8   10
|---|---|---|---|---|   (35%)
```

7

8

12

9

10

13

11

14 | のみち

製造会社：旭硝子
発売年：1964 年

きれいに区画された農園を空から眺めているような模様ですが、デザインの元になったのは外国のテキスタイルだったのだそう。アイデアソースの幅広さも教えてくれる模様です。

15 | さらさ

製造会社：日本板硝子
発売年：1964 年

漢字にすると "更紗"。更紗はインドを起源とする鮮やかな多色染めの木綿です。染織品がデザインの元になることも多かった時期に生まれた、エキゾチックな模様です。

16 | かすり

製造会社：旭硝子
発売年：1964 年

名前のとおり、着物地の "絣" を表現した模様。織地では染め残した白であらわされる十字が、ガラスでは表面に浮き上がっています。和室の引き戸などに多く使われたそうです。

17 | ており

製造会社：日本板硝子
発売年：1963 年

こちらも名前のとおり、太い糸をやわらかく手織りした布を表現したような模様。シンプルですがじつは光の動きが緻密に計算されているのだそうで、光を通したときのきらめきは格別です。

18 | まつば

製造会社：日本板硝子
発売年：1965 年

松の葉を地面に散らしたような模様は、手ぬぐいの柄などに今も見かける "松葉散らし"。落ちても 2 本が離れないことから、縁起がよいとされている松の葉をガラスで表現したデザイン。

19 | あさおり

製造会社：セントラル硝子
発売年：1969 年

こちらは漢字にすると "麻織り" でしょうか？　一見シンプルな模様ですが、よく見ると、細めの緯糸（よこいと）と太めの経糸（たていと）を平織りしたような、細かな細工が施されています。

20 | つづれ

製造会社：日本板硝子
発売年：1988 年

緯糸で模様を描く "つづれ織り" をモチーフにしたデザイン。発売年が判明している中では最後期の模様で、かつての大柄とは打って変わってシンプルかつモダン。時代の流れを感じます。

21 | にしき

製造会社：旭硝子
発売年：1966 年

"錦" は金銀をはじめとする多色の色糸を使って模様を織り出した豪華な織物。それをふまえると渋い和服や帯の模様にも見えてきますが、モダンな空気もまとったしゃれたデザイン。

14

15

0　2　4　6　8　10
（35%）

16

17

18

19

20

21

22｜ばら

製造会社：セントラル硝子
発売年：1973 年
1971 年発売の「さくら」の花をバラに置き換えて洋風化したようなデザイン。花びらには一枚ごとに方向の異なる斜線が描かれています。厚さ 2mm と 4mm があり、模様の大きさは同じです。

23｜きく

製造会社：旭硝子／日本板硝子
発売年：1969 年頃？
咲き誇る大菊で埋め尽くしたような華麗なデザインで、同時期に旭硝子と日本板硝子が作っていたようですが詳細は不明。現物からメーカーを判別することもできない、謎めいた模様です。

24｜さくら

製造会社：セントラル硝子
発売年：1971 年
石目系の地の中に桜の花と花びらを散らした和風のデザイン。日本料理店でもよく使われたのだとか。厚さ 2mm と 4mm がありますが、模様の大きさはどちらも同じです。

25｜いろり

製造会社：セントラル硝子
発売年：1975 年
梨地に筆でざっと絣模様を描いたようなデザインで、井桁模様の部分が囲炉裏っぽいことにちなんだネーミング。厚さ 2mm と 4mm があり、4mm のほうが大柄です（写真は 2mm）。

26｜スイトピー

製造会社：日本板硝子／旭硝子
発売年：1969 〜 1970 年
粒状の三角形を連ねてスイトピーのアウトラインを描いたデザイン。写真はおそらく日本板硝子の「スイトピー」ですが、旭硝子も同時期にスイトピーモチーフの模様を製造していたそうです。

27｜かるた

製造会社：セントラル硝子
発売年：1965 年
セントラル硝子が 1963 年に発売した「しきし」の大柄バージョンとして発売。色紙よりカルタのほうが小さいのに……という疑問はさておき、ハッチングによる光の分散も計算された模様です。

28｜しきし

製造会社：旭硝子／セントラル硝子
発売年：1952 年／ 1963 年
番号をつけたものから右下までの 3 枚は、「しきし」グループ。上の 2 枚はよく似ていますが、四角の内側が上はハッチング、下は梨地です。「しきし」は 2 社から発売されていて、セントラル硝子版はハッチングを用いた同社初のオリジナル模様だったという記録があることから、写真の上がセントラル硝子版で、下が旭硝子版だとわかります。ただし、愛知県板硝子商工業協同組合さんが保管するセントラル硝子の「しきし」サンプルには「しんしきし」という名前のラベルがついており、写真の「しきし」が記録に残る「しきし」なのか、じつは「しんしきし」なのかは不明。さらに右下の小柄バージョンはセントラル硝子のものだと思われるものの、詳細は不明。そんな謎めいた模様です。

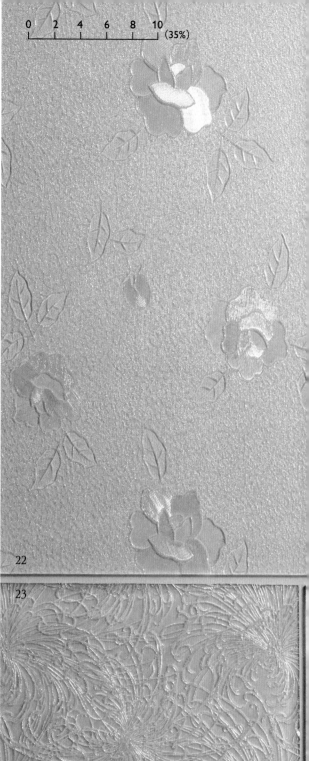

22

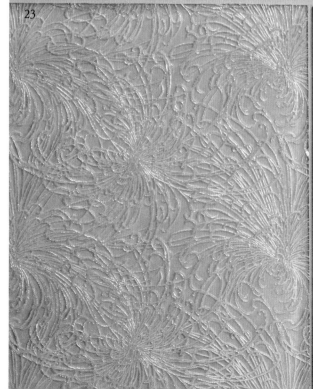

23

24

25

26

27

28

29 ｜ このは

製造会社：旭硝子
発売年：1962 年
初の"ハッチング"（線彫り）を用いた型板ガラスで、繊細な線が一枚一枚の葉の異なる表情を生む画期的な模様は大ヒット。厚さ 2mm と 4mm があり、4mm のほうが大柄です（写真は 2mm）。

30 ｜ クローバ

製造会社：旭硝子
発売年：1967 年
クローバーではなく「クローバ」。葉の内側が梨地、余白にはゴザ目のような模様がついた、さりげなく凝ったデザイン。薄型と厚型があり、厚型の模様は薄型の 1.5 倍（写真は 2mm の薄型）。

31 ｜ ユーカリ

製造会社：日本板硝子／旭硝子
発売年：1975 年
後期に登場したデザインで、2 社が同名の模様を製造していたようですが、写真はおそらく日本板硝子版。当時増えつつあったというカーテンを模したかのように、織地風の表現になっています。

32 ｜ しげり

製造会社：セントラル硝子
発売年：1964 年
葉脈がくっきりと浮かぶ葉と枝が生い茂る様子を切り取ったデザイン。モダンな洋風柄からは、前年に初のオリジナル柄「しきし」（P.81）を発売したセントラル硝子の勢いも感じられます。

33 ｜ からたち

製造会社：日本板硝子／旭硝子
発売年：1966 年
2 社が同名の模様を製造していたそうですが、写真は日本板硝子の「からたち」。長いトゲを出しながら伸び広がるからたちの枝を抽象化した線には、切子の技法が用いられているのだそう。

34 ｜ ときわ

製造会社：旭硝子／日本板硝子
発売年：1968 年
こちらも 2 社が同名で製造していたという模様で、写真はおそらく旭硝子版。"常磐"は常緑樹を意味し、葉はヤツデ風。薄型と厚型があり、厚型の模様は薄型の 1.3 倍（写真は 2mm の薄型）。

35 ｜ つた

製造会社：日本板硝子／旭硝子
発売年：1967 年
こちらも 2 社が同名で製造していたという模様で、写真はおそらく日本板硝子版。梨地の地の上で、細い葉をともなったつるがうねうねと踊る優雅なデザインです。

36 ｜ わかば

製造会社：日本板硝子
発売年：1967 年
さっと軽やかに描いたような線で縁取られた葉の内側は梨地。余白に葉脈のようなハッチングがある独特なデザイン。厚さ 2mm と 4mm があり、4mm のほうが大柄です（写真は 2mm）。

29

30

0　2　4　6　8　10
（35%）

31

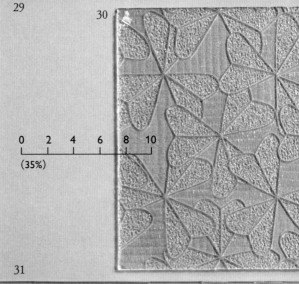

32

33

35

34

36

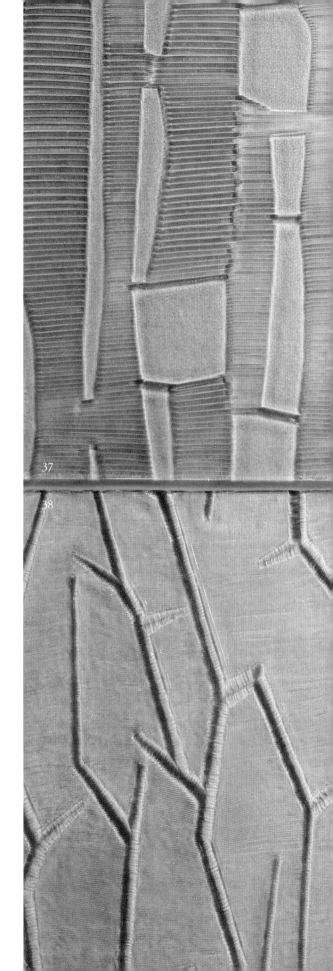

37 | たけ

製造会社：日本板硝子
発売年：1967年
名前の通り、描かれているのは竹林。節や陰影まで巧みに表現されています。竹の明るい部分を梨地、暗い部分を細かな横じまにしたデザイン。厚さは6mmのみで、厚板専用でした。

38 | こだち

製造会社：日本板硝子
発売年：1961年
クリスタルガラスで知られるカガミクリスタルのデザインで作られたという、ひび割れた氷のようにも見える大胆な模様。厚さは7mmのみで、深い彫りはその厚みがあるからこその表現です。

39 | みどり

製造会社：日本板硝子／旭硝子
発売年：1971年
梨地に小ぶりな枝葉が点在するおとなしいデザイン。2社が同名の模様を製造していたそうで、写真はおそらく日本板硝子版。厚さ2mmと4mmがあり、4mmのほうが大柄です（写真は2mm）。

40 | ささ

製造会社：日本板硝子／旭硝子
発売年：1968年
こちらも2社が同名で製造していた模様で、写真はおそらく日本板硝子版。シンプルな笹の葉模様は使いやすかったようで、和室の引き戸などに多く使われたそうです。

41 | めばえ

製造会社：セントラル硝子
発売年：1969年
梨地の地の上に、ひと筆描きで描かれたような大小の四つ葉模様がぱらぱらと。緑が少ない冬の終わりの大地に淡い緑の草が点々と芽吹いた光景が連想される、かわいい模様です。

42 | いちょう

製造会社：日本板硝子
発売年：1967年
いちょうというよりすすきの穂先？ という印象の模様がランダムに配置されたデザイン。いちょうにしろすすきにしろ秋のイメージですが、抽象化することで季節を問わないモダンな柄に。

43 | もみじ

製造会社：セントラル硝子／日本板硝子／旭硝子
発売年：1969年
3社が同名の模様を製造していたというところにも人気のほどがうかがえるデザイン。実際に違う「もみじ」にも出会うのですが、どれがどのメーカーなのかはわからない、謎の模様のひとつです。

44 | ちぐさ

製造会社：日本板硝子
発売年：不明
"いろいろな草花"を表す「千草」と名づけられたかわいい模様ですが、当時の広告には「草花のピンタック」という謎のコピーが。線は布をつまんで縫ったタックをあらわしているのかも。

39

42

40

43

41

44

0 2 4 6 8 10
(30%)

45 │ かげろう

製造会社：日本板硝子
発売年：1962 年
晴れた日などに、空気がゆらゆらと立ち上って見える "陽炎" を
表現した模様。揺らめきを線であらわしているだけでなく、淡い
横じまが作る凹凸で、本当に向こう側が揺らめいて見えます。

46 │ みやこ

製造会社：旭硝子
発売年：1966 年
通りや家々が碁盤の目のように配置された "都" を俯瞰したイ
メージだと思うのですが、錯視効果をねらっているかのような要
素の配置からは、何やら未来的な空気も漂う模様です。

47 │ 古都

製造会社：日本板硝子／旭硝子
発売年：1969 年
「みやこ」の視点よりさらに高い位置から建物が点在する平野を
俯瞰したような、和洋どちらにも使えそうなデザイン。2 社が同
名の模様を製造していたそうで、写真はおそらく日本板硝子版。

48 │ ハイウェイ

製造会社：旭硝子
発売年：1970 年以降
発売年は不明ながら、日本板硝子の「サーキット」に対抗して発
売された模様ということで、1970 年以降としました。厚さ
2mm と 4mm があり、4mm のほうが大柄です（写真は 2mm）。

49 │ みずわ

製造会社：旭硝子
発売年：1965 年
つながったり離れたりしながら水面に広がる大小の水紋をあらわ
した模様。複雑な曲線が幻想的な雰囲気を醸します。「つた」(P.83)
への展開も予感させるようなデザインです。

50 │ ほなみ

製造会社：旭硝子
発売年：1965 年
わずかな凹凸しかない型を使って微細な線を描き、風に揺れる稲
穂を表現したデザイン。"あえて薄くする" ためには、型の製造
にもガラスの製造にも高度な技術が必要とされたそう。

51 │ サーキット

製造会社：日本板硝子
発売年：1970 年
高速道路のジャンクションのような大胆なデザインは、未来的で
あると同時に、車社会の到来の象徴にも見えます。厚さ 2mm と
4mm があり、4mm のほうが大柄です（写真は 2mm）。

52 │ 田毎

製造会社：旭硝子
発売年：不明
水田のパッチワークを抽象化したしゃれた模様ですが、戦前から
作られていたのだとか。水田部分がすりガラスの「片面磨水摺田
毎」もあり、そちらはすりガラスを二次加工したものとのこと。

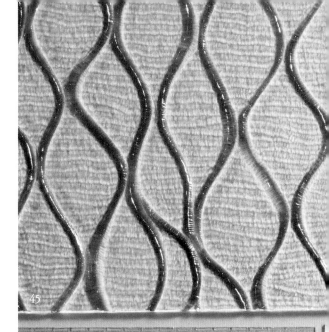

45

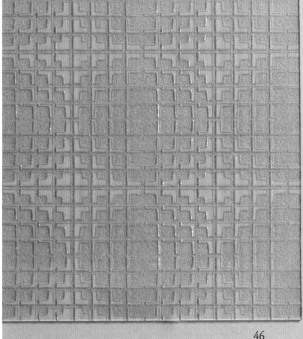

46

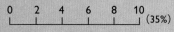

0　2　4　6　8　10
(35%)

47

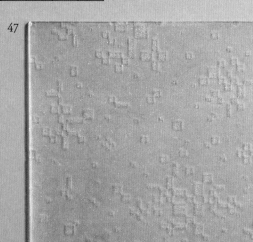

48

51

49

52

50

53 │ なると

製造会社：旭硝子
発売年：1965 年（6mm）／ 1966 年（4mm）
渦潮の潮流をあらわしたような模様は、大柄デザインの先駆けとされています。本図鑑には収録していませんが、地のつぶつぶした模様も「まさご」という模様として同年に発売されています。

54 │ アラビヤン

製造会社：セントラル硝子
発売年：1967 年
梨地の地に踊る文様は名前から察するに、アラビア文字のイメージ。言われてみればそうかもな……と思うくらいまで大胆にアレンジされた描線に、デザインへのあくなき探究心すら感じます。

55 │ こずえ

製造会社：旭硝子
発売年：1965 年
同年発売の「ほなみ」（P.87）と同じく、あえて薄く型模様をつけたデザインで、こちらはより薄く、繊細。わずかにゆらぐ縦筋の間にギザギザと細かな縦筋。白樺林の遠景のようにも見えます。

56 │ メロン

製造会社：セントラル硝子
発売年：1965 年
マスクメロンをルーペで拡大して見ているような、ランダムに交差する線と、ざらついた地肌。新柄ラッシュのピーク期の自由さに加え、「アラビヤン」への流れも感じさせる模様です。

57 │ うきぐさ

製造会社：セントラル硝子
発売年：1968 年
池の水面に繁茂する水草を上から眺めたようなデザイン。水面は梨地で、水草はクリア。ひとつひとつ形の違う水草が生き物のようにも見えてくる、なんだかドラマチックな模様です。

58 │ かもめ

製造会社：セントラル硝子
発売年：1967 年
前年に発売された厚さ 2mm の「おりづる」の厚板＆大柄版として作られたらしき模様。地は梨地で鳥部分に 1 羽ごとに方向の違うハッチングが施されていて、さまざまな表情を見せます。

59 │ つばめ

製造会社：セントラル硝子
発売年：1968 年
降り注ぐ日差し、あるいは雨の中を思い思いの方向へ急降下するつばめたちを描いたようなデザイン。つばめ部分には飛行方向への動きを強調する線も描かれていて、芸の細かさに感心します。

60 │ らんまん

製造会社：セントラル硝子／旭硝子／日本板硝子
発売年：1969 年
3 社が同名の模様を製造していたそうで、写真はおそらくセントラル硝子版。名前のとおり美しく咲き乱れる花々がもりもりと描かれています。いかにも 60 〜 70 年代的なレトロでポップな模様。

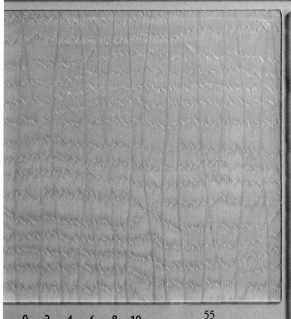

0 2 4 6 8 10 (30%)
55
58

56

57

59

60

作品に生まれ変わる

吉田晋吾

ガラスを回収して洗浄する。ここまではふたりの共同作業です。ここから先、元の姿に戻ったガラスを作品にして「生まれ変わり」をさせるのは、今はほとんど吉田智子の仕事になっています。ですから作品作りへの想いは妻に譲るとして、ここでは僕から見たガラス作家としての妻を語らせてください（めったにない機会なので）。

彼女は専門学校の服飾科を出てから結婚するまで、職場は転々としたようですが、とにかく「ずっと何かを作っていたい」人です。そして僕とは違って接客が大好き。建築現場の廃材を利用した木工雑貨も、一緒に作ってはイベントで楽しそうに販売していました。この経験があって「昭和型板ガラスを残したい」につながったことは間違いないと思います。

ただし昭和型板ガラスに関しては、優先順位がまるで違いました。「残したい」想いが強すぎる。たとえばお客さまやほかの作家さんから「自分でも作れるかな？」などと言われると、「ぜひ作って広めてください」と勧めてしまう。とにかくガラスが誰かの手元に残ってくれることが最優先なのです。

ひとつひとつのガラスに名前があった。だからも

う捨てるわけにはいかない、という妻の理屈に、もちろん説得力は感じられませんでした。ただ、4人とも子どもの名前を妻にまかせてしまった僕としては、言い返せる力を持っていません。ちなみになぜ子どもたちの名前をすべて妻にまかせたのかというと、一生その子についてまわる名前を自分が決めるなんて、恐ろしくて僕にはできないと思ったからでした。そう考えると、やはり「名前がある」ということは、敬意を払うべきことなのでしょう。

昭和型板ガラスに対する妻の愛情は、ちょっとすごいです。作品うんぬん以前に、昭和型板ガラスそのものへの愛情がすごい。洗浄してきれいになったガラスに、あるいは窯を開けて取り出した作品に生まれ変わったガラスに「あなたってなんてきれいなのかしら！」「こんなに素敵になって、ほんとに素晴らしい」といちいち称賛の言葉をかけています。僕にはもちろん、子どもたちにも向けたことのない愛情表現です。本人も公言していますが、子どもは大事でかわいいけれど関心はそれほどないとのことで、諸事情から僕が主夫をして子育てしていた時期もありました。

Column

「結霜ガラス」のこと

僕たちが作品に生まれ変わらせている「昭和型板ガラス」のひとつに「結霜ガラス」があります。名前のとおり、表面全体が霜におおわれたような、繊細で美しいガラスです。
じつはこのガラス、型板ガラスではありません。型板ガラスより古くから製造されていた二次加工ガラスの一種なのです。
製造方法は、ガラスの片面に膠（にかわ）などの混合物を塗り、膠の乾燥・収縮にともなってガラスの表面がはぎ取られる作用を利用して模様をつけるというもの。そのため、どんな模様があらわれるかは一期一会。同じ模様はふたつとないのです。
板ガラスの国産化前から輸入板ガラスを使って作られていましたが、戦後復活することなく絶えた、はかないガラスでもあります。

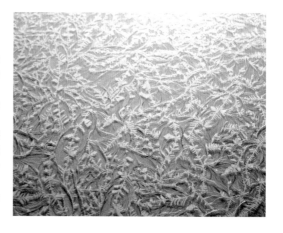

想い出レターが教えてくれること

吉田晋吾

昭和型板ガラスの想い出を集めようと考えたのは、僕のビジネス戦略でもありました。熱い想いで突き進む妻がいても、続けていけなければ意味がありません。

昭和型板ガラスを残したい。では、残すことの価値は何か。美しさや希少さだけではない、残すべき本当の価値を説明できなければ、商品として「弱い」と思ったのです。

じつは当時、僕には「古さ」の価値はよくわかりませんでした。建築屋としての僕のスタートは28歳で「高性能・高機能の住宅をつくる」というコンセプトで起業しています。断熱性・気密性・耐震性・省エネ性をそなえた「人が住みやすい家」です。今でこそ当たり前ですが当時はまだめずらしく、評判と口コミで注文が増え経営的にも順調でした。

そんな僕の目に住宅における「古さ」はデメリットと映るし、古民家ブームは正直いまだに理解できずにいます。

昭和型板ガラスについても、当初は同じ思いでした。僕自身、広くて、暗くて、寒い、典型的な「田舎の大きな家」で育ちました。広すぎる土間、縁側のある廊下、台所や風呂場などの水場、あちこちに昭和型板ガラスはありました。歩いたり風が吹くだけで音が鳴る、引き戸は重たい、うっかり割ってしまえば叱られる。それが僕の昭和型板ガラスの記憶でした。

そんな僕に昭和型板ガラスを残すほんとうの価値を教えてくれたのが、ガラスを見たときのお客さまの「声」でした。

「あー！これおばあちゃんの家にあった、あった」

一瞬にして「あの頃」が戻ってくる、懐かしすぎる家族の光景がそこに広がる。忘れていた想い出話に花が咲く。時空を超えてしまう力、しあわせな記憶とつなげてしまう力が昭和型板ガラスにはあるのかもしれない。そして背中を押すように届けられたのが、震災で家をなくされた方からのメールだったのです。

購入いただいた商品を梱包するとき、お礼状とは別に、妻の手書きの「想い出募集」の手紙を同封しました。

「あなたの想い出を聞かせてください。あなたは『昭和レトロガラス』にどんな想い出がありますか？笑ったお話・怒られたお話・悲しいお話……なんでもOKです」

ふたりとも確信はあったものの自信はなく、「本当にくるのかな」と不安でいっぱいでした。一通目の想い出レターが届いたときは「ほんとに来た！」とふたりで顔を見合わせたほどです。

一通、そしてまた一通。どれも簡潔で短い、なかには数行の想い出もあります。届いた想い出をふたりで読んでは感想を言い合い、想い出の中の家族を想像してなごみ、その一部を音声SNSで紹介させていただくようになりました。

配信するときに、その想い出にタイトル（名前）をつける役割は僕にまかされています。ほとんどは最初に一読したときに印象に残った言葉をタイトルに使っています。多くは五感をともなう言葉です。「音」「色」「重たさ」「匂い」「指先の感触」「暗さ」「寒さ」。

僕の中ではネガティブでしかなかったそれらが、購入された方の「しあわせな想い出」とつながっている。人は合理性では生きていない。そんな当たり前のことに気づかせてもらいました。

つなげる仕事の"その先"へ

吉田智子

昭和型板ガラスの作品を作りはじめて10年になりました。名刺には「ガラス作家」や「想い出コレクター」という肩書きが印刷されていますが、自分では「つなげる仕事」をしていると思っています。

回収（救出）して、作品にして、販売する。それは長くともに過ごした昭和型板ガラスを、もとの持ち主の方から、形を変えて、新しい持ち主の方へつなぐことだからです。私は何かを作ることが大好きで、作っていれば上機嫌な人間です。それでも、前とのつながり、後へのつながりがなければしあわせを感じることはできないと思うのです。だから、そのすべてに関わることのできる今の仕事を幸せに感じています。そして今、寄せられた想い出レターがさらに「その先」へつなごうとしてくれている。とてもしあわせに思います。

ガラスとつながる

つなげる仕事の実態は、私たちが人とつながることです。その最初で、ある意味もっとも深く出逢うのがガラスの回収の現場です。ある家庭で長い時間を過ごして、解体されて、今ここにある。ガラスの回収はそのおうちの歴史の一部を譲り受ける作業です。

回収するタイミングにもよりますが、解体前でしっかりおうちが残っている場合は、そこに立つだけでたくさんの無言の情報を受け取ることができます。家を建てたときの家主さんのこだわり、建物を支えてきた大黒柱の表情、古いけれど大事に手入れされてきた跡、ご家族の構成や関係性、ときにはその笑い声まで聴こえてくる気がします（もちろん空耳ですが）。

家主さんにとっては家のいたる場所に想い出があって、すべて残したいほどの思い入れがある。なかにはガラスの一部を作品に変えて手元に残したいと希望される家主さんもいます。

想いをお聴きする、要望に応える、想い出のガラスを感謝して譲り受け、丁寧に積み込む。回収の現場で私たちにできることはたったそれだけです。でもその数時間、つかのま「ここ」とは別の時間の中に入り込んだような不思議な空間なのです。

作品につなげる

昭和型板ガラスを残したい。10年間、私の原動力はたったひとつの願いでした。まったくの素人からガラス作品を作りはじめたのも、昭和型板ガラスの歴史や資料、サンプルを求めてガラスメーカー、工務店、ガラス屋さんをまわってきたのも、全国のガラス作家に呼びかけて「つなぐ」という作家グループを立ち上げたのも、昭和型板ガラスを残したいという切なる願いからです。

昭和型板ガラスの魅力はなんといっても繊細で美しい柄です。たとえば「きく」（P.80）。流れるように美しい花びらをよく見ると、ひとつひとつに溝があり、彫りこまれているのがわかります。また「古都」や「みやこ」（ともにP.86）のように、柄のない地の部分にまで、こまやかな細工がされているものも少なくありません。しかもこれが職人さんの匠の技ではなく、ロール法と呼ばれる製法によって製板された工業製品なのです。日本人でなければ生まれなかったガラスだなと見るたびに感心します。

ガラスの製造には大きな資本が必要です。高度成長期を迎えた昭和30年代以降、三大ガラスメー

カーが威信をかけ技術力を競い合ったからこそ生まれた、日本の宝物なのです。それを作品に作り換えるときの私の想いもひとつです。

昭和型板ガラスの個性を素直に表現したい。どうすればそれぞれの柄を活かせるのか。そればかり考えています。

今は手元に60種類ある昭和型板ガラスですが、柄のひとつひとつに個性があり、主張があります。柄全体を使える大きな作品ならいいのですが、そうでなければ、ガラスの模様のとの部分を使うかで作品の印象も表情も大きく変わってしまうからです。

想い出とつなげる

昭和型板ガラスと出逢ったことで、私たちの生活も大きく変わりました。活動を続けるために、私が会社勤めに出て晋吾さんが主夫をしていた時期も長くありました。その会社も、昨年退社。現在はふたりで「pieni」に専念しています。

なぜそこまでして昭和型板ガラスを残したいのか。残すことに執着できるのか。

自分でもそこは不思議だなと思っていました。「そうしたいと思ったから」という感覚だけだったのです。ただひとつだけ、当初から夫に言い続けていた言葉がありました。

「このガラスたちに対する家主の想いはぜったいにある。だから捨てられない」

だから何年もたったある日、夫から「だとしたらガラスが見てきた家族の想い出、物語もあるよね。買ってくれた人の想い出を集めてみようか」と提案されたときは、ほんとうにうれしかったのです。

でもそのときはまさか、こんなに素敵な想い出がやってくるとは、私も夫も思っていませんでした。

平易で、飾らない、主張しない言葉で綴られた短い想い出レターが一通、また一通と届きました。短い文章の中に、昭和のごくふつうの、当たり前の家族の光景が見えてきます。ふたりで読みながら、想像したり、笑い合ったり、懐かしがったり、胸が詰

まってしまったり、ときには意見の相違から夫婦喧嘩に発展しそうなこともありました。そうしてだんだんと、自分がなぜ昭和型板ガラスを残したいのか、その答えに近づいている気がしています。

3つの「手」のお話

手作り　手書き　手渡し

昭和型板ガラスを残す活動の中で、私たちは3つの「手」を大切にしています。

ひとつめの手は「手作り」です。

「イヤリングひとつ作るのに、こんなに手間がかかるんですね」

YouTube に上げた作業動画を見た方から、こんな言葉をいただいたことがあります。蓮根のデザインのイヤリングで、ガラスに蓮根の穴を開けていく動画でした。ほかにも知り合いの作家さんから「そこまで手でやってるの!?」と驚かれることがあります。

グラインダーという削り機を購入したことで当初よりはずっと楽になりましたが、ガラス素材なので時間と手間はかかります。まずガラスを切って、粗削り、本削り、研磨、最後に小さな穴を6つずつ開けます。慣れてきて早くなったといえ、蓮根の穴を開けるのに30分。ヘッドを変えながら徐々に穴を広げていきます。最後にそれを窯に入れてスイッチを入れる。タイマーが鳴るまでの間に家事をしたりお茶をしたり。これが私の日常です。

タイマーが鳴る、胸が高鳴る瞬間です。作品を窯から出すときのときどき感。出てきたガラスたちのあまりの美しさに感激してしまい、称賛のシャワーを浴びせるのが私流の窯上げ儀式です。夫にあきれられても気にしません。植物に話しかけると元気になるといいますが、長く生きてきたガラスも同じだと私は感じています。

ふたつ目の手は「手書き」です。

Creema、minne などのハンドメイドマーケットや BASE のウェブショップで作品を販売しています

が、購入者へ作品を送る際、お礼状とは別に「あなたの想い出を募集しています」というお手紙を同封しています。これはどんなに忙しくても手書きしています。じつはその大切さを教えてくれたのは、購入されたお客さまたちでした。

「そういえば最近、想い出レター届いていないよね」そう夫から聞かれたのは想い出募集の手紙を入れるようになって1年が過ぎた頃でした。たしかにそれまでは途切れることなく届いていた手紙がぱったり止まっていました。顔を見合わせた瞬間、同時に気づいたのは「手書きをやめた」ことでした。

あるSNSで昭和型板ガラスの話が（いわゆる）バズったことで、うちにも注文が殺到した時期でした。発送そのものが追いつかない忙しさで、想い出募集の手紙を手書きから印刷に変えたのです。それも夫が「ちょっとポップに書いちゃった」そうで、それが原因であることはあきらかでした。

ネットが生活の中心になってから、手書きの手紙は書くことも届くこともなくなりました。郵便配達のバイクの音、ポストに投函された小さな気配、差出人を確認してときどきしながら封を開ける瞬間。今思うと「手紙が届く」ことは、日常の中の小さなイベントであり、しあわせでした。想い出レターの中でも「手書きのお手紙をありがとうございます」「うれしいです」という言葉が寄せられていたのです。

人と人の、手紙を通じたアナログなつながり。時代がデジタルに変わったからこそ、手間暇かかる手書きの手紙がうれしいのだと教えていただきました。

3つ目の手は「手渡し」です。手渡し、つまり対面での販売です。

ここは、この数年の間に何度も夫と話し合い（対立ですね）を重ねてきた大問題でした。イベントの開催や外出そのものの自粛を求められる社会状況が続く中で、販路をネット販売に絞ってもいいのではないかというのが夫の提案でした。事実、ようやくイベントが開催されて出店しても、人通りはほんと

うに少ない。出店料、ガソリン代、食事代をかけても売り上げはほぼゼロです。反対にネットサイトでの売上は順調に伸びていました。

理屈の通り過ぎた夫の提案に対して、もちろん私は明快な意思表示を示しました。顔を合わせるたびに「ぜったいヤダ、ぜったいヤダ、ぜったいヤダッ」と言い続けたのです。

私は対面で販売したい。その理由はいくつでもあげられます。

まず、昭和型板ガラスにかぎらず、ガラスの美しさは写真では伝わらないことです。プロ仕様のカメラで撮影しても実物には遠く及びません。購入された方からも、写真よりずっと素敵で驚いたというコメントが多く寄せられています。

もうひとつ（ここがもっとも大事なのですが）、昭和型板ガラスをじかに見て、触れて、感じてもらえること。このガラスが「ここにいる」、その流れを伝えることができることです。どこかの家庭で長い時間を過ごし、解体されて、今ここにある。それを知って見るガラスと、知らずに見て、ただ「きれい」だと思うのとは違う。心が体験することがまったく違うからです。

さらに。対面ならお客さまの反応も見られます。どんな商品を求めているのか、対面だからこそ聴かせてもらえる、感じ取れることも多いのです。

最後に。イベント会場でしか出会えない人たちの存在です。多くは出店されている作家さんですが、彼らとつながり、協力しあってここまで続けてこられた。ブースが1000を超える大きなイベント会場でも出会える人とは出会い、つながる人とはつながる。その不思議をたくさんいただいてきました。それを根気よく訴え続けた結果、夫の理解を得て、お客さまがこなくても、売り上げゼロでも、イベントがあれば出店してきました。そのことがこの活動を続ける自信となり、pieniの土台のようなものが創られつつあることを、私は今感じています。

Column

貴重な型板ガラスサンプルとの出会い

この本の最初のページの写真に写っている型板ガラスたちは、ガラスメーカーが販売店向けに作っていた模様サンプルです。1970年代のものだそうで、1枚のサイズはおおむね8×10cm。私たちが存在は知っていてもまだ出会えていなかった模様も含む、貴重な昭和型板ガラスのアーカイブです。今回、撮影のために愛知県板硝子商工業協同組合さんからお借りしました。

現在の活動をスタートして以来、私たちはデッドストックの昭和型板ガラスや当時のカタログなどの資料を求めて、たくさんのガラス屋さんを訪ね歩きました。ところが、収穫はほとんどなし。かぎられた資料とネットの情報を、レスキュー作業で出会う型板ガラスたちと照らし合わせながら、知識を蓄積してきました。

そんななか、愛知県板硝子商工業協同組合さんに当時のサンプルが保管されていることを知り、これはぜひとも拝見したいとお願いしてみると、快く応じてくださいました。そして名古屋の事務所を訪問すると、小さな段ボール箱に入った大量のサンプルたちが現れたのです。これにはふたりとも大興奮。ほとんどのサンプルにはメーカー名と模様の名前が記されたシールが貼られていて、名前と実際の模様を照合できる点でも極めて貴重な資料です。許可をいただき、サンプルを箱から取り出しては一枚ずつスマホで撮影していきました。

箱に収まっていた昭和型板ガラスは、同じ模様の厚さ・模様

サイズ違いのバリエーションも含めるとおよそ80種。ほかに網入りガラスや二次加工でさまざまな色をつけたもの（下の写真左上。おそらくセントラル硝子の「ロックラル」に色をつけたもので、ほかにも数種類のカラーバリエーションがありました）や結霜ガラスなどもあり、それらも含めると100枚以上のサンプルがぎっしりと入っていました。

詳しく見ていくと、日本板硝子と旭硝子の「石目」、セントラル硝子の「ロックラル」という類似柄3種がそろっていて比較することができたり、旭硝子の「まさご」（1965年発売。同社の「なると」の地紋にも使われているつぶつぶ模様）、「雲井」（1965年発売。たなびく雲の連なりのようなデザイン）、「元禄」（1958年発売。市松模様のようなモダンな柄で、新柄開発競争の先駆けになったとされる）、「片面水摺田毎」（発売年不明。型板ガラスではなく、すりガラスを二次加工したものとされる）といったレスキューではなかなか出会えず、図鑑ページには収録できなかったレアな模様が登場するという思わぬ出会いもあり、さらに大興奮！

カードサイズにカットされているため、大柄の模様は全容がほとんどわからなかったりもするのですが、当時のお客さまたちはこのよりどりみどりのサンプルを見ながら新築する家のガラスを吟味したのかな……などと想像もふくらみます。本当に貴重なサンプルたちと出会えた幸運に、感謝で一杯になった一日でした。

pieni
吉田智子（よしだ・としこ）／吉田晋吾（よしだ・しんご）

まだまだたくさんの昭和型板ガラスが現役で残る岐阜の郊外で、十数年前に建築業のかたわら昭和型板ガラスの収集をスタート。その後、昭和型板ガラスの収集・保存、そしてリメイク作品として新たな持ち主に手渡す活動に軸足を移した。その活動から、「昭和型板ガラスの想い出」の募集とデジタルメディアでの発信へと展開。それが本書のもととなった。
◎昭和型板ガラスの素敵な想い出をお待ちしております
投稿はこちらへ→ https://omoideglass.com/

石坂晴海（いしざか・はるみ）

横浜生まれ。30代から女性としあわせをテーマにノンフィクションの原稿書きに。その後農業、子ども、量子、猫、経済、心理学、と興味のままにノンジャンルで執筆。最近は詩作と朗読、古い言葉、ウクレレに興味関心を寄せている。

装丁　上清涼太
写真　永禮 賢（P.73を除く）／吉田晋吾（P.73）
イラスト　そねはらまさえ
編集　笠井良子（小学館CODEX）
制作協力　愛知県板硝子商工業協同組合

おもな参考資料
○産業技術資料情報センター・産業技術史資料データベース
https://sts.kahaku.go.jp/sts/index.php
○関西板硝子卸商協同組合50周年記念CD・型板ガラス情報
https://www.osgco.com/mold/mold.htm

想い出の昭和型板ガラス
——消えゆくレトロガラスをめぐる24の物語

2023年5月20日　初版第1刷発行

著　者　　吉田智子・吉田晋吾（pieni）
　　　　　石坂晴海
発行人　　川島雅史
発行所　　株式会社 小学館
　　　　　〒101-8001　東京都千代田区一ツ橋2-3-1
　　　　　電話：編集 03-3230-5585　　販売 03-5281-3555

印刷・製本　図書印刷株式会社

販　売　　椎名靖子
宣　伝　　内山雄太